室内风格设计
118个设计法则

杨梨文 —— 编著

中国电力出版社
CHINA ELECTRIC POWER PRESS

内 容 提 要

本书以国内最具代表性的 10 种装饰风格作为研究对象，从风格起源与设计特征、配色设计法则、软装元素应用等方面进行了广泛而深入的剖析，帮助读者真正了解并区分每个风格根源的文化内涵，在设计时融会贯通。本书内容图文并茂，知识点深入浅出，既可作为室内设计师及相关从业人员的参考工具书，也可作为软装艺术爱好者的普及读物。

图书在版编目（CIP）数据

室内风格设计：118 个设计法则 / 杨梨文编著 . — 北京：中国电力出版社，2022.10（2024.8重印）
ISBN 978-7-5198-7009-6

Ⅰ.①室…　Ⅱ.①杨…　Ⅲ.①室内装饰设计　Ⅳ.① TU238.2

中国版本图书馆 CIP 数据核字（2022）第 151935 号

出版发行：中国电力出版社
地　　址：北京市东城区北京站西街 19 号（邮政编码 100005）
网　　址：http：//www.cepp.sgcc.com.cn
责任编辑：曹　巍（010-63412609）
责任校对：黄　蓓　常燕昆
装帧设计：张俊霞
责任印制：杨晓东

印　　刷：三河市航远印刷有限公司
版　　次：2022 年 10 月第一版
印　　次：2024 年 8 月北京第二次印刷
开　　本：787 毫米 × 1092 毫米　16 开本
印　　张：14
字　　数：306 千字
定　　价：98.00 元

室内软装风格是以不同的文化背景及不同的地域特色为依据，通过各种设计元素来营造一种特有的装饰风格。从建筑风格衍生出多种室内设计风格。根据设计师和业主审美和爱好的不同，又有各种不同的幻化体。室内软装风格往往和建筑及家具的风格紧密结合，有时也受到所在时期的绘画、造型艺术，甚至文学、音乐等风格和流派的影响。随着"轻装修，重装饰"设计理念的普及，室内装修风格多体现在软装上。

无论业主还是室内设计师，在做方案前都需要首先确定装饰设计的基本格调，例如，是现代感十足的，还是古典味浓厚的。所以要想成为一名合格的室内设计师，必须了解和掌握流行软装设计风格的起源、特征及要素等。大多数设计风格是由特定的生活方式经过长期的积累和沉淀形成的，还有一些设计风格由某些或者某个人物所创造或者主导。风格的起源就是设计的起源，这是对室内设计艺术本质的揭示。

所有室内设计风格均由一系列特定的硬装特征和软装要素组成，其中的一些特征与要素本身具有标志性，是人们识别和表现它们的依据，比如特定的图案或者饰品等。本书以国内最具代表性的 10 种装饰风格为研究对象，从风格起源与设计特征、装饰特点、设计类型、设计要素、配色设计法则、软装元素应用等多个方面进行了广泛而深入的剖析，力求帮助设计师真正了解并区分每种风格的文化内涵，然后将硬装特征和软装要素牢记于心，通过模仿得到能力的提升，进而举一反三，融会贯通。

任何室内装饰风格都没有死板僵硬的参考模板，而是为设计提供一个方向性的指导，同时或为设计师的灵感来源。本书力求做到结构清晰易懂，内容图文并茂，知识点深入浅出，既可作为室内设计师和相关从业人员的参考工具书，软装艺术爱好者的普及读物，也可作为高等院校相关专业的教材。

Contents

目录

前言

NEW CHINESE STYLE

1

PART
第一章

新中式风格

新中式风格起源与设计特征

一、新中式风格形成与发展背景

新中式风格由传统中式风格随着时代变迁演绎而来，凝聚着中国两千多年的民族文化。新中式风格的起源可以细分到不同的朝代，从商周时期出现大型宫殿建筑开始，历经汉代的庄重典雅、唐代的雍容华贵、宋代的简约素雅、明清时期的大气磅礴，直至今天，在现代设计风格的影响下，为了满足现代人的使用习惯和功能需求，才形成了新中式风格。其实，这是传统文化的一种回归。

简单地说，新中式风格以现代手法对古典中式家居文化进行创新、简化和提升，以现代人的审美和生活需求来打造富有传统韵味及现代时尚感的空间，让传统文化艺术在现代家居装饰中得以延续。这些"新"，是利用新材料、新形式对传统文化进行演绎。因此，新中式风格的设计精髓仍以传统的东方美学为基础，万变不离其宗。新中式风格作为一种新兴的设计风格，由于具有极强的现代美学理念以及极大的包容性，受到了越来越多人的青睐。

△ 紫砂壶

△ 川剧脸谱

△ 雀替

△ 徽派马头墙

△ 歇山顶

二、新中式风格装饰特点

新中式风格的家居空间延续了传统中式风格的对称布局设计，但由于受到现代建筑形式和房型设计的影响，这种对称不再局限于传统的中式家居格局的对称，而是在局部空间的设计上，以对称的手法展现出中式家居沉稳大方、端正稳健的特点。

新中式风格在设计上采用现代手法来诠释中式风格，形式比较活泼，用色大胆。空间装饰多采用简洁、硬朗的直线条。例如，在直线条的家具上，局部点缀富有传统意蕴的装饰，如铜片、柳钉、木雕饰片等。材料选择上，使用木材、石材、丝纱织物的同时，还会选择玻璃、金属、墙纸等工业化材料。

在新中式风格的软装设计中，常以留白的东方美学观念控制节奏，突显中式风格的新风范，比如墙上的装饰画、空间中的摆件等。它们数量虽少，但可营造出无穷的意境。此外，传统物件在新中式风格空间中往往可以起到画龙点睛的作用，如用字画、折扇、瓷器、鼓凳、木雕、民间工艺品等作装饰。

△ 将中式纹样创新应用，让现代空间家居更富有中华文化韵味

△ 新中式风格提炼了传统经典元素并加以简化和丰富，更注重意境美

△ 金属、琉璃等新材料的运用是新中式风格空间的特征之一

三、新中式风格设计类型

□ 淡雅新中式风格

淡雅新中式风格给人一种亲切舒适而又不失雅致的感受，在保留中式文人气质的同时，可营造温馨包容的氛围。相较于传统的中式风格，新中式风格在空间细节上会有金属装饰，但占比不多，用来体现富贵饱满的质感，营造温馨氛围。在色彩搭配上，不宜选择过于厚重的颜色，并要适当降低色彩的饱和度。可选用象牙白、米色、灰色等包容性强的色彩作为基础色，以自然淡雅的蓝色、绿色作为点缀色。

□ 雅奢新中式风格

雅奢新中式风格在保留传统中式风格含蓄秀美的设计精髓之外，更多呈现出精致、简约、轻奢的空间特点。在材质运用上，虽仍以质朴无华的实木为主，但可大胆采用金属、皮质、大理石等现代材质进行混搭。在统一格调之余，赋予新中式风格更加奢华的魅力。此外，还可以把传统中式风格中具有代表性的装饰元素进行革新与颠覆。例如，在常见的中式鼓凳中，加入金属或亚克力或玻璃材质等，进行再设计或作为点缀。

△ 淡雅新中式风格

△ 雅奢新中式风格

□ 质朴新中式风格

质朴新中式风格可以说是一种复古风。在材料的选择上，不宜使用过于精致硬朗的材质，以及过于细腻的工艺手法，而可选择简单质朴的方式来体现。比如，硬装上采用水泥墙面和地面，比用光洁的大理石更容易营造朴拙的空间氛围。当然，粗糙不加修饰的原木材质也是打造质朴文艺气质的理想选择。在现在流行的民宿和小型精品酒店、网红咖啡厅等空间中，这种风格被运用的频率很高，很受文艺青年的喜爱。

□ 禅意新中式风格

禅意新中式风格注重简素之美，看不到奢华辉煌的空间陈设，设计上常运用留白手法。家具的材料多为天然木材的本色，体现出返璞归真的禅意韵味。装饰材料可选择原木、竹子、藤、棉麻、石板以及细石等自然材质。这样不仅能与禅宗淳朴的气息形成完美呼应，又为居住者带来了贴近自然的感受。

△ 质朴新中式风格

△ 禅意新中式风格

四、新中式风格设计要素

对称设计

在局部空间的设计上，以对称的手法营造出中式家居沉稳大方、端正稳健的特点

窗格

形状多样，有正方形、长方形、八角形、圆形等。雕刻的图案内容多姿多彩，意蕴丰富

留白意境

墙面、装饰画常选择大面积留白，是新中式风格美学精神的体现

屏风

屏风形式多样，如实木雕刻、竖条、绢丝等，是酒店、餐厅、客厅、卧室等常见的隔断形式

水墨山水元素

水墨山水元素源自中国传统书画艺术，是一种具有意象和意境的新中式元素

木格栅

木格栅被大量地运用在中式空间中，以创造出光与影的朦胧美

吉祥纹样新应用

在新中式风格的装饰艺术中，源自中式传统文化的吉祥纹样是极具魅力的装饰元素

文房四宝摆件

文房四宝是独具中式特色的装饰元素，除笔、墨、纸、砚外，还有镇纸、笔洗等

传统瓷器

青花瓷、粉彩等传统造型的瓷器、陶器摆件是新中式风格必不可少的装饰元素

中式纹样地毯

传统中式风格地毯中具体的吉祥图案比较常见的，新中式风格地毯图案以抽象的山水、泼墨等题材为主

茶文化摆件

茶文化是中式传统文化的重要内容之一，茶文化摆件可为空间增添雅致的文人气息

中式题材装饰画

常见的中式题材装饰画有山水画、花鸟画等，新中式风格空间运用时常对其加以简化、变异

新中式风格配色设计法则

新中式风格注重视觉的留白，有时会在局部点缀一些亮色以提亮空间，比如传统的明黄色、藏青色、朱红色等，营造典雅的氛围。合理搭配一些低明度的色彩，能为新中式风格的空间营造出深邃并富有禅意的氛围。也可在新中式风格空间中适当搭配一些具有轻奢气质的色彩，例如一些恰到好处的中性色以及金属色。

一、禅意白色

白色是一种素色，人们通常认为玉器的白色最为高贵美丽，因为中国传统文化崇尚玉色。东方美学无论在书画上还是诗歌上，都十分讲究留白，常以一切尽在不言中的艺术装饰手法，引发人们对空间的美感想象。在新中式风格中运用白色，可呈现出自然、素简、闲寂、幽静的空间意象，给人以目无杂色、耳无杂音、心无杂念之感，是展现优雅内敛与自在随性格调的最好方式。

△ 留白是中国传统绘画中的精髓，应用于室内空间中可产生空灵、虚实相生的视觉效果

△ 墙面的留白处理强调了艺术意境的营造

△ 优雅的米白色搭配原木色，营造一种极为雅致的空间

二、吉祥红色

红色在中国传统文化中占据重要地位，使用历史十分悠久，最早来自先人对于太阳与火种的崇拜。在古代，无论洞房花烛还是金榜题名，无论衣装还是住所，尚红的习俗随处可见。从朱门红墙到红色嫁妆，中国红氤氲着古色古香的秦汉气息；沿袭着灿烂辉煌的魏晋脉络；延续着盛世气派的唐宋遗风；流转着独领风骚的元明清神韵。

如今，红色已经成为中式祥瑞色彩的代表，这种颜色对中国人来说象征着吉祥、喜庆，传达着美好的寓意，并且在新中式风格室内设计领域的应用极为广泛，既展现着富丽堂皇，又象征着幸福祈愿。

△ 新中式风格空间搭配现代造型的红色餐椅，给人一种高贵感

△ 新中式风格卧室的软装中局部使用红色，提亮空间色彩的同时还具有吉祥的美好寓意

△ 中国红作为中国人的文化底色和精神皈依，其渊源可追溯到古代对日神的虔诚膜拜

三、皇家黄色

自古以来人们对黄色有着特别的偏爱，这是因为黄色与黄金同色，被视为吉利、喜庆、丰收、高贵的象征。在中国古代，黄色系是皇家的专属，象征着财富和权力，是体现尊贵和自信的色彩。黄色表达的尊贵之感，虽然鲜亮但并不浮夸，和红色一样，运用恰当都能让室内空间充满仪式感。

△ 黄色与中国红作为中国流传千年的传统色彩，最能体现皇家气派

四、高贵紫色

在中国传统色彩中，紫色是一种高贵优雅并且吉祥的颜色。在中国古代，紫色一度被皇族所用，成为代表权贵的色彩。"紫微星""紫禁城""紫气东来"都和富贵、权力有关。在现代设计中，紫色是新中式空间常用到的颜色，薰衣草紫色、淡紫色、紫灰色等作为点缀色都能营造出典雅高贵的空间氛围。

△ 富贵紫的床品营造了浓郁的华夏文化氛围，在暗金色的点缀下显得更贵气

△ 紫气祥云的空间主题，营造出蕴含东方文化的意境

五、庄重黑色

中国传统文化中的尚黑情结，除了受先秦文化的影响，也与以中国水墨画为代表的独特审美情趣有关。与此同时，无论道还是禅，黑色都具有很强的象征意义，因此，黑色在中国色彩审美体系中占据较高地位。室内设计中将小面积黑色运用于新中式风格空间的细节处，再搭配大面积的留白处理，可于平静内敛中吐露高雅的古韵。

△ 空间的整体色彩以庄重的红、黑为主，体现中式文化深沉、厚重的底蕴

△ 黑色在新中式空间中零星运用，就能勾勒出如同水墨画一般的意境

六、质朴棕色

棕色一直在中式传统文化中占据重要地位，除了黄花梨、金丝楠木等名贵家具外，还有记录文字的竹简木牍等。新中式风格可以结合棕色的天然质感与自然属性来营造沉静质朴、端庄稳重的视感氛围。设计时，除了常用于家具的色彩搭配以外，还可用木饰面板装饰背景墙，打造高端质感。此外，用大面积的留白与空间中的棕色形成反差，是非常有效的表现形式。

△ 棕色的书架背景表达出新中式风格所追求的简洁且质朴的意蕴

新中式风格软装元素应用

一、家具

　　新中式风格的家具在工艺上从现代人的居住需求出发，注重线条的装饰，摒弃了传统家具中较为复杂的雕刻纹样，并且形式比较活泼，用色更为大胆明朗，多以线条简练的仿明式家具为主。在材料上，新中式家具所使用的材质不仅仅局限于实木这一种，玻璃、不锈钢、树脂、UV 材料、金属等也是常用材质。

　　与传统中式家具最大的不同是，新中式家具虽有传统元素的神韵，却不是一味照搬。例如，传统文化中的象征性元素，像中国结、山水字画、如意纹、花鸟纹、瑞兽纹、祥云纹等，常常出现在新中式家具中。

△ 在新中式空间中，造型简洁流畅的现代家具给人耳目一新的感觉

△ 中式翘头条案以玻璃为背景，实现传统与现代艺术的融合

□ 金属家具

　　20 世纪初，西方国家兴起的金属家具热潮，将中式家具的设计带入了全新的世界。将金属与实木材质相结合，在展现金属硬朗质感的同时，还能将木材的自然风貌以更为个性的方式呈现出来，并使其成为家居空间中的视觉焦点。此外，金属材质配合中式家具的古典制式，也是常用的家具设计手法，比如镜面不锈钢圈椅、铜拉丝官帽椅等。

△ 白色陶瓷鼓凳

☐ 木质家具

中式古典家具的材质多为稀有木材，其中，小叶紫檀、海南黄花梨、大红酸枝木三种木材被誉为明清三大贡木。每一种木材背后都有其悠远的历史和深厚的文化底蕴。鉴于部分木材非常珍贵和稀有，在为新中式风格空间搭配家具时，可以用其他木材作为替代，比如常用的榆木、榉木、橡木、水曲柳等，运用现代材质及工艺去展示中国家具文化中的精髓。

△ 仿明式圈椅

△ 仿明式官帽椅

☐ 陶瓷家具

陶瓷中华文明的重要组成部分。在新中式风格的空间里搭配陶瓷家具，不仅能传承中国传统文化，而且能让家居空间显得更加精致美观。其中，陶瓷鼓凳集浓郁的中式意韵和现代设计于一身，与新中式家居环境非常合拍。另外，陶瓷、大理石等还常作为家具的装饰面材料，同时出现在一件家具中，比如花鸟题材的陶瓷芯板、陶瓷桌面等。

△ 白色陶瓷鼓凳

二、灯具

新中式风格灯具的整体设计源于中国传统灯具，并在传统灯具的基础上，注入现代元素的表达，不仅简洁大气，而且形式十分丰富，呈现出古典时尚的美感。比如传统灯具中的宫灯、河灯、孔明灯等都是新中式灯具的演变基础。除了能够满足基本的照明需求以外，其还可以作为空间装饰的点睛之笔。

△ 宫灯距今已有上千年的历史，是中式灯具的典型代表

□ 陶瓷灯具

陶瓷灯具是采用陶瓷材质制作成的灯具。陶瓷灯源自宫廷里面有罩子的蜡烛灯火，近代发展成镂空瓷器底座。陶瓷灯具的灯罩上面往往绘以美丽的花纹图案，装饰性极强。因为其他款式的灯具做工比较复杂，不能使用陶瓷，所以常见的陶瓷灯具以台灯居多。

新中式风格陶瓷灯具的灯座上往往带有手绘的花鸟图案，装饰性强并且寓意吉祥，如同一件艺术品，可提升空间的气质。

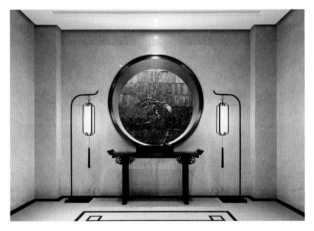

△ 新中式风格的灯具往往会在装饰细节上注入传统的中式元素

△ 中式陶瓷台灯

布艺灯具

　　布艺灯具由麻纱或葛麻织物作灯面制作而成，是富有中国传统特色的灯具。布艺灯具的造型多为圆形或椭圆形。红纱灯也称红庆灯，通体大红色，在灯的上部和下部分别贴有金色的云纹装饰，底部则配金色的穗边和流苏，整体美观大方、喜庆吉祥。随着时代的发展，在历代灯具工匠的努力下，新中式风格中所运用的布艺灯具的材质选择更加广泛，如绢丝、蚕丝、麻纱、刺绣等，而且制造工艺的水平也越来越高。

△ 纱灯

△ 蚕丝灯

纸质灯具

　　纸灯的设计灵感来源于中国古代的灯笼，其具有其他材质灯饰无可比拟的轻盈质感和可塑性。纸灯那种被半透的纸张滤过的柔和、朦胧的灯光更是迷人。羊皮灯是纸灯的一种，虽然名为羊皮灯，但市场上真正用羊皮制作的灯并不多，大多是用质地与羊皮差不多的羊皮纸制作而成的。由于羊皮纸的可塑性强，所以厂家能制作出多种造型别致的羊皮灯，例如船帆式的吊灯、宫灯式的壁灯等。

△ 纸灯

□ 金属灯具

新中式风格中运用的金属灯具继承了传统灯具的精髓与内涵，以简约的直线为灯具的主体，没有华而不实的雕刻外形，展现出更加简约、时尚的气质，并且更加符合现代人的审美观念。

常见的新中式风格金属灯具主要以铁艺、铜材质为框架，有些会用锌合金材质，部分灯具还会加上玻璃、陶瓷、云石、大理石等。这些材质的使用都是为了凸显新中式灯具的奢华与高雅。例如，铁艺材质的鸟笼灯是将鸟笼原本的功能加以拓展，制作成灯具，是新中式风格中十分经典的元素。

△ 金属吊灯融入中式符号，不仅具有现代感，而且具有中国传统文化的神韵

△ 新中式风格的金属灯具具有传统灯具的精髓与内涵，以简约的直线为灯具的主体

△ 鸟笼灯是新中式风格中比较经典的元素，可以给整个空间营造鸟语花香的氛围

三、布艺织物

新中式风格的布艺往往从传统文化、服饰中获取灵感，再利用现代工艺以及简约的设计理念，完美诠释新中式风格的开放与包容。新中式风格的布艺分为两类，一类具有传统韵味，但并不直接采用传统图案和配色，而是用新中式图案及更具现代感的配色；另一类不做繁琐的装饰，重视细节的点缀。在色彩搭配上，新中式空间的布艺多用橙红、玫红、桃红、米色、亮蓝、荷绿等较为轻盈亮丽的色彩。

△ 龙纹、水墨山水图案在新中式布艺上的应用

△ 亚光质感的棉麻布艺适用于禅意中式空间

△ 运用现代感的配色表现中式的传统韵味

新中式空间常见两类布艺材质：一类是具有光泽质感的绸缎类面料。与古典中式风格相比，新中式风格更倾向于选用光泽度较弱的绸缎类，此类材质一般用在卧室床品、窗帘及装饰抱枕上。另一类是具有亚光质感的棉麻类面料。棉麻、平绒等亚光类材质，多用于家具布艺、沙发、墙面软包等面积较大的元素中。

☐ 窗帘

新中式风格的窗帘多为对称设计，窗幔款式简洁而寓意深厚，比如按照回纹的图形结构来进行平铺幔的剪裁。在材质的选择上，多用质朴且挺括的棉或棉麻面料来展现清雅的格调。纹样一般不用古典纹样，多用充满现代感的回纹、海浪纹等做局部点缀，以突出文化特征。

△ 加入中国传统特色纹样点缀的窗帘，自然流露出中式特有的古典意韵

△ 新中式风格窗帘样式

☐ 床品

相比于欧式风格追求饱满、厚重、装饰感强烈的特点，新中式风格的床品更讲究清雅爽朗的气韵。床品款式的设计简洁大方，常以低纯度、高明度的色彩为基础，比如米色、灰色等。在靠枕的色彩上融入少许流行色，结合传统纹样的运用，表现现代人尊重传统亦追求时尚的精神取向。

花鸟图案是新中式风格床品最常用的一种纹样，因其清丽雅致而又富含美好寓意，能博得大多数人的喜爱。

△ 新中式风格床品的特点是外形简洁，其色彩和图案凸显一种意境美

△ 中式传统纹样在床品上的应用，表现出吉祥美好的寓意

□ 地毯

新中式风格的地毯常用抽象形态的图案,有似行云流水的水墨,也有似山崖凿壁的肌理。此外,素色也是一个很不错的选择。有着中式纹样的羊毛地毯既能让空间看起来丰富饱满,又能突显风格特征;而麻编的素色地毯更能体现清新雅致的意蕴。

△ 选择带有中式吉瑞纹样的地毯作为空间装饰,把传统文化与现代设计进行巧妙结合

△ 新中式地毯样式

□ 抱枕

如果空间的中式风格元素较多,为其搭配的抱枕最好选择纯色的款式,并通过合理的色彩搭配,为室内空间营造温馨氛围。如果空间的中式风格元素较少,则可以选择搭配富有中式特色的抱枕,如花鸟图案抱枕、窗格图案抱枕、回纹图案抱枕等。

△ 新中式抱枕样式

△ 中式元素较少的空间适合选择富有中式特色的抱枕

四、软装饰品

新中式风格具有庄重雅致的东方韵味，在软装饰品的搭配上不仅延续了这种手法，而且极具精巧感。软装饰品的摆放位置，常选择对称或并列的形式，或者按大小摆放出层次感，以营造和谐统一的格调。

以鸟笼、根雕等为主题的饰品，可使新中式风格的室内空间融入大自然，营造出休闲、雅致的韵味。中国古代的史料中，就有关于茶的记载。中国人喜爱饮茶。因此，在新中式风格的空间中放置一张茶案，摆上几件精致的茶具，不仅可以让人享受品茶的乐趣，还可以传达雅致的生活态度。

△ 室内摆设茶具除了品茶以外，还可以显现出隐士君子情怀

△ 新中式风格经常采用对称陈设摆件饰品的手法，在视觉上给人以和谐的美感

△ 拴马桩石雕是我国北方独有的民间石刻艺术品，被赋予辟邪镇宅的意义

□ 摆件

瓷器是新中式空间的重要软装元素之一，例如将军罐、陶瓷台灯以及青花瓷摆件等。此外，以寓意吉祥的动物，如狮子、貔貅、小鸟以及骏马等为原型的瓷器摆件也是软装布置中的点睛之笔。鸟笼摆件是新中式风格中不可或缺的装饰元素，能为室内空间营造出自然亲切的氛围。

除了常见的装饰摆件外，案头的文房四宝、文人雅趣的古书、折扇、香炉摆件以及中式乐器等，都可以体现中国古典文化的内涵。

太湖石是中国古代著名的四大玩石、奇石之一，常见于苏州园林和古代的画作中。在新中式风格室内装饰中可以用太湖石的工艺品摆件来点缀空间，增加古朴优雅的文人气质。建筑微景观的应用可以使空间具有灵魂，与观赏者形成心灵的对话，常见的有木质的亭、台、楼、阁等形状的摆件。

△ 太湖石摆件

△ 狮子造型陶瓷摆件

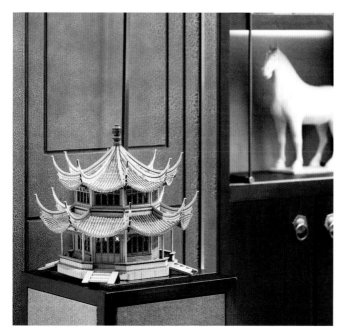

△ 中式古建筑模型摆件

△ 新中式瓷器摆件

☐ 挂件

新中式风格的墙面常搭配荷叶、金鱼、牡丹等具有吉祥寓意的挂件。此外，扇子作为古代文人墨客的一种身份象征，其和流苏和玉佩搭配，也是装饰墙面的极佳选择。

陶瓷挂盘是极富中式特色的工艺品，能营造出浓浓的中国风氛围，简单大气又不失现代感。此外，也可以把青花瓷作为墙面装饰，如果在其他位置设计青花纹样的呼应，那么装饰效果更佳。

△ 陶瓷挂盘是新中式风格墙面常见的装饰元素，既表现出层次感，又富有意境

☐ 花器与花艺

新中式风格的花艺摆脱了传统符号化的堆砌，并呈现出东方绘画的韵律美，由于结合了现代风格的设计，因此可满足现代人的审美需求。在设计时注重意境，追求绘画式的构图虚幻、线条飘逸，一般搭配其他具有中式传统韵味的配饰，如茶器、文房用具等。

花材一般以枝杆修长、叶片飘逸、花小色淡的种类为主，如松、竹、梅、柳枝、牡丹、茶花、桂花、芭蕉、迎春等。

花器多造型简洁，采用中式元素和现代工艺相结合。除了青花瓷、彩绘陶瓷花器以外，粗陶花器也是对新中式最好的表达，粗粝中带着细致，以粗之名更好地强调了回归本源的特性。

△ 粗陶花器给新中式空间带来禅意侘寂之美

□ 装饰画

绘画艺术是中国传统文化的重要组成部分，不仅历史十分悠久，而且风格鲜明。新中式风格的装饰画在保留中国传统绘画灵魂的同时，利用现代技术及艺术表现形式进行大胆创新，而且加入了一些西方的绘画元素。但万变不离其宗，其所选题材均以中式传统元素为主。比如花鸟元素就是新中式风格常用的绘画题材。花鸟画不仅可以将中式风格的美感展现得淋漓尽致，而且整体空间也因其变得色彩丰富，让新中式风格的家居空间显得瑰丽唯美。

古往今来，无数的文人雅士都以不同的形式赞美"梅、兰、竹、菊"四君子。梅，高洁傲岸；兰，幽雅空灵；竹，虚心有节；菊，冷艳清贞。在新中式风格空间中，搭配以梅、兰、竹、菊为题材的装饰画，能使中国古典哲学思想在家居设计中得到传承。

△ 仙鹤图案的装饰画在中式传统文化中寓意吉祥

△ 中式装饰画

△ 新中式风格的装饰画一般采取大量的留白设计，以渲染唯美诗意的意境

NORTHERN EUROPE

STYLE

2

PART
第二章

北欧风格

北欧风格起源与设计特征

一、北欧风格形成与发展背景

北欧风格起源于芬兰、挪威、瑞典、冰岛和丹麦这些靠近北极的处于寒冷地带的国家。提到这些国家，人们立刻会想到冰天雪地，还有北极熊以及原生态的森林。极寒的天气使得北欧人长期待在室内，从而造就了丰富且成熟的各种民族传统工艺。简单实用，就地取材，以及大量使用原木，是最初的北欧风格符号特点。

与欧洲其他国家的现代主义设计艺术相比，北欧风格融合了自己的文化特征，并且充分利用北欧地区的自然环境和设计资源，形成独具特色的家居设计语言。在 20 世纪 20 年代，北欧设计师将北欧风格的多面性设计哲学，融入现代家居设计中，随后受到重视，得以广泛流行。

尽管现代工业化不断发展，但北欧风格依旧保留了自然、简单、清新的特点，其中自然系的北欧

△ 大面积的原生态森林造就了北欧风格常以原木为主导的环保设计理念

△ 大量使用原木作为空间的装饰元素

△ 漫长的冬季和冰天雪地是北欧国家给人的第一印象

风延续到今天。现今，北欧风格家居设计已不再局限于当初的就地取材，工业化的金属以及新材料逐渐被应用到北欧风格的家居空间中。在时代的进程中，北欧人与现代工业化生产不仅没有形成对立，而且采取了包容的态度，因此很好地展示了北欧风格的特性以及人文情怀。

在北欧文化中，人们对家居以及生活中的杂物都比较重视。环保、简单、实用的现代理念渗透到北欧人生活的方方面面。北欧风格倡导以木质家具为主导的设计理念，主张健康简单的居家生活方式以及浪漫的生活基调，摒弃了复杂浮夸的设计，崇尚回归自然、返璞归真的精神。

△ 北欧风格强调环保与自然的设计理念

△ 工业化的金属及新材料在现代北欧风格空间中的应用

△ 蜡烛在北欧文化中象征光明与温暖

北欧五国所处纬度高，昼短夜长。在电力尚未普及的时代，蜡烛就成了必需品，并被赋予了光明、温暖等意义。而在今天，点蜡烛作为传统风俗或者文化被保留了下来。比如，瑞典的圣露西亚节，在黑夜最漫长的一天，被选为露西亚女郎的女孩子头戴蜡烛做的头饰唱着歌往前走，象征黑暗必将过去，光明终将到来。

二、北欧风格装饰特点

北欧风格的主要特征是极简主义及对功能性的强调，这对后来的极简主义、简约主义、后现代主义等风格都有直接的影响。

北欧的大多数房子由砖墙建成，具有怀旧风情与历史氛围。为了防止过重的积雪压塌房顶，北欧的建筑以尖顶、坡顶为主，室内常见原木制成的梁、檩、椽等建筑构件。顶、墙、地三个面，完全不用纹样装饰，只用线条、色块进行点缀。此外，北欧风格的空间非常注重采光，也许是为了在北欧漫长的冬季也能有良好的光照，很多房屋设计了大扇的窗户甚至落地窗。也正是因为有了大面积的采光，北欧风格家居才不会因为大面积运用浅色调而显得压抑和沉闷。

△ 北欧家居强调室内通透，最大限度引入自然光

△ 北欧家居的硬装一般不用纹样和图案装饰，而是以简洁的线条以及色块为点缀

△ 尖顶或坡顶是北欧建筑的特点之一

北欧有着丰富的木材资源，其中，瑞典和芬兰的森林覆盖率很高，长期以来，木材被认为是最好的装饰材料，因而被广泛应用于建筑中。在北欧风格的家居环境中，基本上使用的是未经精细加工的原木。这种木材最大限度地保留了原始色彩和质感，具有独特的装饰效果。除了善用木材以外，石材、玻璃和铁艺等都是北欧风格空间中常用的装饰材料。

北欧风格在设计上注重实用性。比如大面积地运用白色，使用线条简单的家具以及通透简洁的空间结构，这都是为了满足空间对采光的需求。

北欧风格家居通常不会做过多的固定式硬装，因为在北欧风格空间中，如何利用软装营造出简洁、随性、舒适的氛围才是关键。

△ 北欧家居善用软装布置营造出一种简洁自然、随性、舒适的氛围

△ 线条简洁的家具与通透简洁的空间结构遵循注重实用性的设计理念

△ 北欧风格注重对自然的表现，尽量保持材料本身的自然肌理和色彩

三、北欧风格设计类型

□ 北欧乡村风格

北欧乡村风格是一种以回归自然为主题的室内装饰风格，其最大的特点是朴实、亲切、自然。整体呈现出原生态的乡村风情，使家居生活更加自然闲适。

北欧乡村风格注重对自然的表现，常将房屋的自身结构设计作为空间装饰。在材质的运用上，常见源于自然的原木、石材以及棉麻等，并且重视传统手工的运用，尽量保持材料本身的自然肌理和色泽。在空间设计上，北欧乡村风格注重家居空间与外部环境的融合，常将室外的自然景观作为室内装饰的一部分，让室内空间与大自然完美融合。

△ 裸露的砖墙与带有天然节疤的木质吊顶增加了空间的自然气息

△ 做旧工艺的木梁贴近自然的主题，是北欧乡村风格空间的一大特色

□ 北欧工业风格

北欧工业风格以其独特的装饰魅力，成为近年来家居设计的风潮。做旧的主题结构以及各种粗陋的空间设计是其最为常见的表现手法。除了随处可见的裸露管线、不加修饰的墙面，以及各种各样的金属家具以外，原木也是北欧工业风格空间的重要组成元素。比如，很多金属材质的桌椅有木质桌面或椅面。

除了材质的搭配外，还可以运用艺术手法来打造北欧工业风格的装饰细节。比如，北欧工业风格的墙面大多保留原有建筑材质的样貌，因此可在裸露的砖墙上绘以大胆的几何图形、壁画、抽象画等，让家居空间充满艺术气息。

△ 北欧工业风格的墙面大多保留原有建筑的样貌，或者采用砖块设计

□ 北欧现代风格

北欧现代风格是传统北欧风格的实用主义和现代美学设计完美结合的设计风格。北欧现代风格的空间以及软装设计处处表现出简约性与实用性，还强调自动化以及现代化的设计，如选用现代风格的多功能家具以及家用电器等。

北欧现代风格的家具在形式上用圆润的曲线和波浪线代替了棱角分明的几何造型，表现出更强的亲和力。在色彩上常以白色为基础色，搭配浅木色以及高明度和高纯度的色彩，让家居空间显得简朴而现代。此外，由于北欧现代风格的装饰元素少，

而且空间线条简单，因此需要搭配布艺、装饰画、摆件和挂件等软装元素，以提升家居空间的灵动感。

△ 北欧现代风格常以白色为基础色，搭配浅木色以及高明度和高纯度的色彩

△ 黄铜金属元素的局部点缀，给空间增加些许轻奢气质

△ 北欧现代风格的空间整体设计简单实用，没有过多的造型装饰

四、北欧风格设计要素

光线需求

北欧风格对光线需求高，要求空间采光好，空间常见大扇的窗户或者落地窗

黑白色

北欧风格空间配色多以黑白为主，且黑色通常作为局部点缀

功能分区模糊

北欧风格对空间的功能分区比较模糊，一般利用软装进行空间分割

纯色色块

北欧风格的家居装饰以浅淡的纯色色块为主，较少使用图案纹样

艺术性与实用性相结合

北欧家居装饰具有简洁、功能化且贴近自然的特点，将各种实用的功能融入简单的造型之中

原木材质

北欧风格空间多采用未经精细加工的木材，且保留其自然纹理和质感

现代造型家具

现代造型家具突显实用性，并且完全不用纹样和雕刻

简洁的几何线条

空间硬装、家具造型和布艺图案常用直线条或规则的几何形，以突显空间的品质感

现代抽象风格装饰画

北欧风格空间中的挂画以现代抽象风格装饰画为主，一般选择留白比较多的抽象动物或者植物图案

麋鹿头挂件

麋鹿头挂件一直都是北欧风格的经典代表，在北欧家居空间中常用麋鹿头造型的饰品来装饰墙面

北欧风格配色设计法则

北欧地处北极圈附近，不仅气候寒冷，有些地方甚至还会出现长达半年之久的极夜。因此，北欧风格经常会在家居空间中使用大面积的纯色，以提升家居环境的亮度。在色相的选择上偏向如白色、米色、浅木色等淡色基调，给人以干净明朗的感觉。

北欧风格的墙面一般以白色、浅灰色为主，地面常选用深灰、浅色的地板作为搭配。主体色应呼应背景色，白灰、浅色系的布艺家具与棕色、原木色、白色的几柜家具都是不错的选择。此外，一些高饱和度的纯色，如黑色、柠檬黄、薄荷绿等则可用来作为北欧家居空间中的点缀色，制造出让人眼前一亮的感觉。

△ 利用软装的色彩作为北欧家居空间中的点缀色

△ 火烈鸟的粉红色是打造北欧 Ins 风的主要元素之一

△ 绿色与白色的组合给空间带来清新自然的感受

一、米白色

北欧风格空间中，米白色是较为常见的色彩，既有白色的单纯，给人以洁净的清爽感，又不会让人觉得单调和清冷。作为北欧风格的主打色，米白色的运用并不复杂，甚至可以说很简单，因为米白色搭配任何一种颜色，都能营造出一种空灵感。

△ 大面积的米白色可以更好地提亮空间，并且给人一种平和恬静的感觉

二、原木色

原木色是调和整个空间温度的色彩，它的自然清新与温润，带有一种无法言喻的温度。由于大面积的原木色很难把握，因此在北欧风格空间中，原木色一般作为点缀色，如原木家具、木地板以及由原木制作的软装饰品等。

△ 原木色与白色的组合最适合表现空间的清新感

△ 原木色是北欧家居空间常见的色彩之一，能营造出温润舒适的氛围

三、黑白色

黑白色的组合被誉为永远都不会过时的色彩搭配，北欧风格延续了这一法则。在北欧地区，冬季会出现极夜，日照时间较短。因此阳光非常宝贵，大面积的白色能够最大程度地反射光线，将有限的光源充分加以利用。黑色则是最为常用的辅助色，常见于软装搭配上。

△ 以白色为基调的空间中加入黑色，可凸显层次感

四、局部高饱和度色彩

将高饱和度色彩作为点缀色是北欧风格常见的一种色彩搭配方案。例如，以浅色为背景墙的空间中，如果仅仅使用原木色，就不能凸显色彩的特点；如果选用色彩鲜艳的家具或饰品进行搭配，可增加空间的层次感和亮度。此外，在以黑、白、灰为主色的空间中，加入色彩鲜艳的布艺或挂画进行点缀，可表现出北欧风格的独特气质。

△ 黑白色的运用具有强烈的视觉冲击力，也是北欧风格家居常用的经典配色方案之一

△ 局部点缀高纯度色彩，增加北欧空间的层次感和亮度

北欧风格软装元素应用

一、家具

北欧风格家具大多出自著名的家具设计大师之手，形式上可分为原始的纯北欧家具、改革的新北欧家具、具有时代性的现代北欧家具。在风格上分为瑞典设计、挪威设计、芬兰设计、丹麦设计等，每种设计风格均有它的个性。丹麦家具以经典设计见长，除了塑造家具的可观性外，还讲究结构的实用性，充分考虑到人体结构与家具结构之间的协调性；芬兰家具注重自然灵性的设计，赋予家具以灵动性，表现出天然的艺术气质；瑞典家具崇尚现代的设计，以松木、桦木为材料，用干净的线条勾勒出层叠式的结构；挪威家具传承了北欧原始的设计理念，强调家具的成熟稳重与淳朴自然，富有创意。

使用原木是北欧风格家具的灵魂。北欧人习惯就地取材，常选用桦木、枫木、橡木、松木等木料，将原木自然的纹理、色泽和质感完全融入家具中。色彩一般以浅淡、干净为主，最大程度地保留北欧风格自然温馨的浪漫气息。

△ 北欧风格家具通常将各种实用功能与简洁的造型相结合

△ 贴近自然的原木色家具

北欧家具以简洁的几何线条特征闻名于世，通常保留自然木纹。即使刷漆，也一般漆成白色或者淡黄色，并且极少加铺软垫。北欧风格家具设计以直线和必要的弧线为主，很少出现线条复杂的造型。

北欧家具将艺术性与实用性结合起来，具有一种既舒适实用又富有人性化的艺术美感。北欧家具一般较低矮，大多不使用雕花、人工纹饰。北欧家具不仅将各种实用功能自然地与简单的造型相结合，而且从人体工程学角度进行考量与设计，强调家具与人体接触的曲线准确吻合，使人用起来更加舒服惬意。

△ 加入现代材料的北欧风格家具

△ 北欧风格家具强调与人体接触的曲线准确吻合

△ 北欧风格家具自然有机的曲线设计显得简洁优美

△ 铁、木结合的家具

□ 北欧风格经典单椅

球椅

球椅是著名设计师艾洛·阿尼奥在 1963 年设计的，它的结构简单，上边是一个半球，下面是旋转的支撑脚，可以 360° 旋转。球椅形似航天舱，不仅在外观上独具个性，而且营造了一种舒适、安静的气氛，人坐在里面会觉得无比放松。

蛋椅

著名丹麦设计师雅各布森于 1958 年为哥本哈根皇家酒店的大厅以及接待区设计了蛋椅。这个卵形椅子从此成了丹麦家具设计的样本。蛋椅采用玻璃钢内坯，外层是羊毛绒布或者意大利真皮，座垫和靠背的设计符合人体结构，内置的定型海绵增加了弹性，而且耐坐、不易变形。

孔雀椅

孔雀椅是著名丹麦设计师汉斯·维格纳的代表作，椅背用多条木杆制成，形似孔雀开屏，因而得名。采用编制方式制作，是孔雀椅一个很重要的特点。这种椅子在东南亚地区十分常见，一般用竹子、藤编制。

Y 形椅

Y 形椅得名于其椅背的 Y 字形设计，由丹麦家具设计大师汉斯·维格纳于 1950 年设计的。其设计灵感来自中国明式家具，轻盈而优美的外形去繁就简，具有意象上的抽象美，并符合人体工程学。

天鹅椅

天鹅椅由丹麦设计师雅各布森于 1958 年设计，其流畅的雕刻式造型与北欧风格的传统特质相结合，展现出简约时尚的生活理念。

潘顿椅

潘顿椅也被称作美人椅，它是世界上第一把用塑料一次模压成型的S形单体悬臂椅。潘顿椅外观时尚大方，有种流畅大气的曲线美，舒适、典雅，符合人体的结构特征。同时，潘顿椅的色彩也十分艳丽，具有强烈的雕塑感。

伊姆斯椅

伊姆斯椅是由美国设计师伊姆斯夫妇于1956年设计的经典餐椅，灵感来自法国埃菲尔铁塔。他们利用弯曲的钢筋和成形的塑料制造出这款经典的餐椅。其因优美的外形和实用功能大受欢迎，流行至今。

贝壳椅

贝壳椅是丹麦椅子设计大师汉斯·维格纳的经典代表作之一。椅座和椅背的设计形似拢起的贝壳，弧度优美，可轻柔地包裹人的身躯，能很好地帮人缓解疲劳。设计师用简洁的艺术语言，在纯粹中呈现出典雅的气质。

帕米欧扶手椅

帕米欧扶手椅是阿尔瓦·阿尔托的经典代表作之一。椅子的卷形椅背和椅座是由一整张桦木多层复合板制成的，椅腿和扶手也是由桦木多层复合板制成的。Paimio椅不仅整体结构流畅优美，而且开放式的框架曲线十分柔和。

中国椅

中国椅由汉斯·维格纳于1949年设计，灵感来源于中国圈椅，从外形上可以看出，其是明式圈椅的简化版。其没有中国圈椅的鼓腿彭牙、踏脚枨等部件，符合汉斯一贯的简约自然风格。

二、灯具

北欧风格的空间除了常用大窗增加采光以外，还会在室内照明的规划上，通过吊灯、台灯、落地灯、壁灯、轨道灯等灯具的混合搭配，让居住空间产生暖意和明亮的感觉。适用于设计北欧风格灯具的材质十分丰富，常见的有纸质、金属、木质及玻璃等。色彩较浅的北欧风格空间中，如果出现玻璃及铁艺材质，就可以考虑挑选有类似质感的灯具。

北欧风格和工业风格的灯具有时候会有交叉之处，看似没有复杂的造型，但在工艺上经过了反复推敲，非常轻便并且实用。简洁和时尚并存的北欧风格家具，可以搭配带点年代感的经典设计灯具，以便于提升整体质感。

△ 为餐厅提供主光源的长臂壁灯，设计巧妙，富有趣味性

△ 木质灯

△ 竹艺灯

□ 北欧风格经典灯具

分子灯

分子灯是设计师林赛·阿德尔曼（Lindsey Adelman）的作品，其造型像分子结构。它以极具流畅的线条，满足各种 DIY 爱好者的可调节造型，搭配手工吹制的红酒杯灯罩而闻名，成为最经典的灯具之一。这款灯外形独具特色，支架结构和灯头数量多变，适用于多种空间，简直是完美的艺术品。

树杈吊灯

树杈形吊灯是手工制作的，外观呈不规则的立体几何结构，使用铝 + 亚克力材质制作而成，线条清晰，衔接处更具立体感。即使不打开，也能散发出时尚的气息。

乐器吊灯

乐器吊灯是设计师从印度制作的黄铜容器中获得灵感设计而成的，这种吊灯分为小号长锥型、大号宽广型、中号饱满型三种。以黑色灯罩居多，圆润的亚光黑色表面与灯罩内部的黄色结合，既神秘又热情，令人感受到一种异域风情。

魔豆吊灯

魔豆吊灯的设计灵感来源于蜘蛛，由众多圆形小灯泡组合而成。铁艺与玻璃的组合呈现出独一无二的美感，同时，灯罩具有通透性，使用者可以轻松调节光线照射的方向，为空间带来美感。

Slope 吊灯

Slope 系列灯具是由意大利家具品牌 Miniforms 和设计师 Stefan Krivokapic 合作设计的。Slope 吊灯的主干一般用实木制成，灯罩有黄、白、灰三种颜色，造型各有不同，三个灯罩的组合为北欧风格的家居空间营造出活泼的气氛。

Coltrane 吊灯

Coltrane 吊灯带有浓浓的极简主义和工业气息。人们可通过调整线的长度，让吊灯呈不同的倾斜角度。每一个灯柱都独立存在，又相互组合成为一个整体，让光线有更多的展现空间。

PH5 吊灯

PH5 吊灯适用于多种场合，与典型的丹麦设计一样。其设计简约且极致，圆润流畅的线条散发出迷人的味道，即使是单一的纯色，也可为家居空间添上一抹神秘且恬静的气质。

AJ 系列灯

AJ 系列灯具由丹麦设计大师雅各布森于 1957 年设计，在整个北欧风格的灯具中占有极其重要的地位。AJ 系列灯具包括台灯、壁灯、落地灯，一般用铝合金制作而成，其有棱有角的造型，简洁并极具设计感。

三、布艺织物

想要打造出一个完美的北欧风格空间，还需要精心搭配窗帘、地毯、床品以及抱枕等软装布艺。通过巧妙的配色与材质的选择，让空间更具美感。

在北欧风格的布艺设计中，花卉图案、字母图案以及条纹设计等都较为常用。此外，动物元素，如充满北欧民族风情的麋鹿图案、鸟类图案等也比较常见。由于几何图案简洁理性，符合北欧家居设计理念，因此在北欧风格的布艺织物上，搭配活泼个性的几何图案，可起到点缀空间的作用。

△ 灰色系窗帘百搭，同样适用于北欧风格家居

□ 窗帘

北欧风格的窗帘适合自然柔软的棉麻材质，棉麻属于天然材质，可以营造天然原始的感觉。北欧风格的窗帘一般不会使用过于繁复的图案，简洁的线条和色块才是其最直接的写照。

△ 绿色系窗帘与原木色家具搭配相得益彰

线条图案的窗帘简洁大方，给人一种清新雅致的感觉，其中，条纹的窗帘既可以横向拓展视线，又可平衡整个空间。白色系、灰色系窗帘是百搭款，简单又清新。

只要搭配适宜，北欧风格的窗帘设计也可运用大块的高饱和度色彩。如果觉得纯色窗帘过于单调而又不喜欢繁杂的设计，可以尝试拼色窗帘，无论上下拼色还是左右拼色，都能给人带来眼前一亮的感觉。

此外，也可以用软装饰品呼应窗帘的颜色，这种做法更为巧妙，可使家居空间中的色彩联系更为紧密。

△ 窗帘上高纯度的鲜艳色彩，与空间内的其他软装元素形成呼应

□ 地毯

单色地毯

单色系地毯能给人带来纯朴、安宁的感觉。例如灰色织物地毯能很好地融入黑、白、灰色调的家居空间，为空间提供一个柔软温和的界面。浅色地毯可与白色墙面在视觉上相协调，可与黑色、灰色系家具构成反差。

多色地毯

多色拼接的地毯可以是较和谐的相近色搭配，也可以是富于张力的对比色搭配。合适的色彩组合能够活跃整个空间。如果地毯上的色块与家具、地板、沙发、抱枕以及挂画的用色在视觉上形成互动，就可以让家居空间表现出理性的和谐。

几何线条式地毯

几何线条式地毯极富设计感。无论直线、斜线还是北欧风格中常见的菱形，几何的秩序感与形式美都可以呼应并强化空间整体的简洁特征。例如，黑色菱形纹理能够完美契合北欧家居所惯用的、设计感十足的黑色线条，如画框、玻璃框、茶几等。

带图案类地毯

北欧风格地毯的装饰图案常常在平淡中流露出雍容和美丽。这类地毯宜进行重点处布置，做到突出而不突兀。如果整个房间的布置都是黑、白、灰的北欧基调，那么，同样黑、白、灰的图案是最适合的。此外，红与黑也是一种经典的搭配。

□ 床品

　　北欧风格的卧室中常常采用单一色彩的床品，多以白色、灰色等色彩来搭配空间中大量的白墙和木色家具，形成很好的融合感。如果觉得单色的床品比较单调乏味，可以挑选暗藏简单几何纹样的淡色面料来做搭配，使空间氛围显得活泼生动。

□ 抱枕

　　经典的北欧风格抱枕图案包括黑白格子、条纹、几何图案的拼凑、花卉、树叶、鸟类、人物、粗十字、英文字母 logo 等，材质有棉麻、针织、丝绒等多种，不同图案、颜色、材质的混搭效果更好。在造型上大多为正方形或者长方形，不带任何边饰。

△ 纯色或带有几何纹样的床品体现出北欧风格空间简洁质朴的特征

△ 黑白几何纹样抱枕

四、软装饰品

北欧风格秉承着"少就是多"的理念，选择适宜的软装饰品加上合理的摆设，可以将现代设计与传统北欧文化相结合，既强调实用因素又强调人文因素，从而营造一种富有北欧风情的家居氛围。

□ 摆件

北欧风格质朴天然，饰品相对比较少，大多以植物盆栽、相框、蜡烛、玻璃瓶、线条清爽的雕塑进行装饰。木质元素在北欧风格的家居设计中占据着重要的地位，在软装饰品的运用上也是如此，北欧风格的空间里常见各类木质摆件。在木材的选用上一般以简约粗犷为主，而且不会精雕细刻或者涂刷油漆，多呈现出原生态的美感。

纯色的陶艺品在北欧风格家居空间中经常作为软装饰品或者容器出现，在材质上保留原始的质感，表现出北欧风格家居对传统手工艺品以及天然材料的青睐。此外，以蜡烛为主题设计的各种烛灯、烛杯、烛盘、烛托和烛台也是北欧风格的一大特色，它们可以应用于任何房间，给寒冷的北欧带来更多温暖。

△ 木质摆件

△ 北欧风格空间适合选择纯色的陶瓷摆件作为空间的点缀装饰

△ 粉色的火烈鸟在抬头与低头间尽显优雅之气，一直深受北欧风格家居软装搭配的青睐

□ 挂件

麋鹿头挂件一直都是北欧风格的经典代表。20世纪，打猎运动风靡欧洲，人们喜欢把打猎得来的动物制成标本，挂在客厅墙面上，以向客人展示自己的能力、勇气和打猎技术。这种风俗延续至今日，但如今鹿头多为以铜、铁等金属或木质、树脂为材料制作的工艺品。

墙面挂盘也能表现北欧风格崇尚简洁、自然、人性化的特点，可以选择白底搭配海蓝鱼元素，清新纯净；也可将麋鹿图案的组合装饰盘挂在沙发背景墙上。

△ 墙面挂盘

△ 麋鹿头工艺品

□ 花器与花艺

北欧风格的花艺形态接近几何形，低饱和度色彩的花束及绿植都是完美的组合。仙人掌种类多，造型各异，是北欧空间中较为常见的装饰元素；琴叶榕因其叶片形状酷似小提琴而得名，已经成为北欧风格家居的标配；小型的橄榄树在北欧家居中经常出现，深绿的叶片很好地中和了北欧风格空间常有的冷感。

北欧风格花器基本上以玻璃和陶瓷材质为主，偶尔会出现金属材质或者木质的花器。花器的造型基本为几何形，如立方体、圆柱体、倒圆锥体或者不规则体。

△ 陶瓷花器

△ 玻璃花器

△ 仙人掌展示出一种原始的生命力量，是北欧家居空间中最常见的绿植之一

☐ 装饰画

北欧风格的墙面空间通常会运用大面积的白色，以突出其简洁、明亮的风格特点。但大片的留白很容易给人一种单调、冷清的感觉，可以搭配适量的装饰画增加墙面空间的活力。

以简约著称的北欧风格，既有回归自然的韵味，也有与时俱进的时尚艺术感，在装饰画的选择上也应遵循这个原则。北欧风格家居空间中最常见的是充满现代抽象感的画作，题材可以是字母、马头形状或者人像，再配上简而细的画框，非常有利于展现自然清新的北欧风情。

偏古典系列和印象派的人物、花鸟画作都不太适合北欧风格家居空间。此外，北欧风格家居空间中装饰画的数量应少而精，并注意整体空间的留白。

△ 装饰画与麋鹿头挂件的组配形成一道别致的风景

☐ 照片墙

在北欧风格中，照片墙的出现频率较高，其轻松、灵动的身姿可以为北欧家居带来律动感。与其他风格不同的是，北欧风格照片墙的相框往往是木质的，这和质朴自然的空间气质达到协调统一。

△ 抽象图案装饰画

△ 北欧风格照片墙

LIGHT LUXURY

STYLE

PART

第三章

轻奢风格

轻奢风格起源与设计特征

一、轻奢风格形成与发展背景

轻奢风格主要来自奢侈品发展的下沿，但重点仍然在于"奢"。现代社会的快速发展，使人们在具备一定的物质条件后，开始追求更高的生活品质。这也促使现代家居装饰中品位和高贵并存的设计理念诞生。

轻奢，顾名思义，即轻度的奢华，但又不是浮夸，而是一种精致的生活态度，将这份精致融入生活正是对轻奢风格最好的表达。严格意义上来说，轻奢不能算作一种风格，而是一种氛围或表现手法。轻奢风格强调以现代与古典并重为设计原则。与现代风格相比，轻奢风格多了几分品质和设计感，透露生活本真纯粹的同时，又融合了奢华和内涵的气质。

所谓轻奢风格的室内空间设计，简而言之，就是拥有高雅的时尚态度，并不断追求高品质的生活享受，但又不过分奢华与繁复。将一些软装饰品在简单朴素的风格中加以精致的修饰，或者将一些古典的风格变得更年轻、更现代化，将一些繁复的风格变得更简洁、时尚，更具时代感。轻奢的家居概念，早在几十年前就已在欧美国家流行。而在国内，轻奢风格最近几年才流行起来。

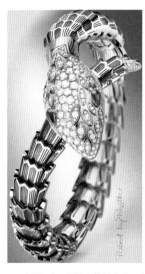 

△ 欧洲开启了设计风格的奢华历史，众多的奢侈品牌使这种设计理念延续了数十年的辉煌

△ 轻奢风格融合奢华和内涵的气质，倡导以简洁的方式演绎高品质的室内空间设计

二、轻奢风格装饰特点

当今的室内设计崇尚"轻硬装重软装"的设计理念,轻奢风格的空间设计也是如此。其硬装设计简约,线条流畅,不会采用过于浮夸、复杂的造型设计,而通过后期软装来体现古典气质,这是轻奢风格的重要特征。

轻奢风格以简约风格为基础,摒弃如欧式、美式等一些风格的复杂元素,运用时尚的设计理念,表达出现代人对高品质生活的追求。轻奢风格虽然注重简洁的设计,但也并不像简约风格那样随意,在看似简洁朴素的外表之下,折射出一种隐藏的贵族气质,这种气质大多数通过各种设计细节来体现。如自带高雅气质的金色元素、纹理自然的大理石、满载光泽的金属及给人舒适慵懒感的丝绒等。

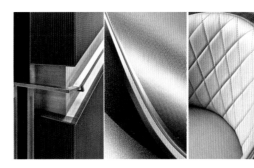

△ 轻奢风格材质细节

△ 轻奢风格以简约为基础,在细节上表现出一种低调的贵族气质

△ 轻奢风格的硬装造型设计简洁,常通过后期软装表现出古典气质

轻奢风格对空间的线条及色彩都比较注重。常以大众化的艺术为设计基础，有时也会将古典韵味融入其中，整体空间在视觉效果及功能方面的表现都非常简洁与自然。在硬装造型上，轻奢风格空间讲究线条感和立体感，因此，背景墙、吊顶大都选择利落干净的线条来作为装饰。墙面通常不设计成朴素白墙或刷涂料，常设计成硬包的形式，使空间显得更加精致。此外，墙面采用大理石、镜面及护墙板做几何造型也比较多见，可增添空间的立体感。

空间设计的最终目的是让人有舒适的居住感受。设计品质高的轻奢风格空间，并不需要太多的奢侈品，也不需要过度烦琐的细节。轻奢风格的个性化可以体现得很具体，比如一盏为特定空间设计的灯具，一幅名家的画作以及为空间量身定制的家具等。这些具有不可复制性的元素，都是轻奢风格空间的点睛之笔。

△ 大理石墙面可提升室内空间的高级感

△ 以金属、玻璃及瓷器材质为主的现代工艺品

△ 富有艺术气息的抽象装饰画

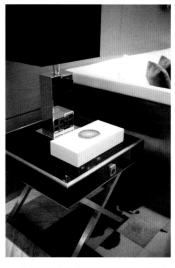

△ 金属材料作为家具的细节装饰，彰显出现代时尚感

三、轻奢风格设计类型

□ 现代轻奢风格

现代轻奢风格摒弃了传统意义上的奢华与繁复，在继承传统经典的同时，还融入了现代时尚元素，让室内空间显得更富有活力。在装饰材料的选择上，从传统材料拓展到玻璃、金属、丝绒以及皮革等，并且非常注重环保，营造出传统与时尚相结合的空间氛围。此外，轻奢风格空间中较少出现强调肌理的材质，而更注重几何形体和艺术印象。在软装设计上，现代轻奢风格的空间应尽量挑选一些造型简洁、色彩纯度较高的软装饰品，如以金属、玻璃或者瓷器材质为主的现代工艺品、艺术雕塑、艺术抽象画等。

△ 现代轻奢风格

□ 美式轻奢风格

美式轻奢风格的空间没有太多造作的修饰与约束，设计上摈弃了传统美式风格中厚重、怀旧的特点，具有线条简洁、质感强烈的特色。壁炉是美式轻奢风格中经典且最具辨识度的元素之一。造型上往往会做简化处理，去掉繁复的雕刻。有些壁炉在功能上也有所创新，原有壁炉的功能被取代，更多的是作为电视背景或者墙面装饰，造型设计更加灵活。精致线条的家具、富有质感的金属灯具，以及造型简洁且极具个性的软装饰品等，都是美式轻奢风格设计的最佳演绎。

△ 美式轻奢风格

□ 中式轻奢风格

中式轻奢风格将传统文化与现代审美相结合，在提炼经典中式元素的同时，又对其进行了优化和丰富，从而打造出更符合现代人审美的室内空间。在选材上则通常大胆地加入一些现代材料，如金属、玻璃、皮革、大理石等，让空间在保留古典美的基础上，又完美地进行了现代时尚的演绎，使得空间质感更加丰富。

□ 法式轻奢风格

法式轻奢风格在空间造型方面没有延续传统法式风格中的曲线设计，而多用几何造型与简洁的直线条，因此整体空间显得富有现代感和轻奢感。在色彩上，通常会运用大面积的淡色作为主色调，并以局部亮色为装饰点缀。在整体的软装搭配上，法式轻奢风格常以简洁的设计来凸显空间品位，同时在配饰的选择上也更为灵活。如可以在空间中搭配一些富有现代感的摆件、艺术气息浓郁的装饰挂画以及在造型上经过简化处理的法式家具等，这样不仅可创造出独有的法式轻奢浪漫，而且提升了空间的艺术感。

△ 中式轻奢风格

△ 法式轻奢风格

四、轻奢风格设计要素

奢侈品牌代表色

奢侈品牌代表着时尚潮流，其代表色如爱马仕橙、蒂芙尼蓝都是轻奢风格空间的常用色

丝绒材质

丝绒一直被视为尊贵与地位的象征，早在 16 世纪，伊丽莎白一世女王就有着数不清的丝绒材质服装

大理石材质

大理石在轻奢风格空间中不仅可以用于台面，也可以作为装饰背景用于垂直的墙面

水晶玻璃制品

水晶玻璃制品具有晶莹的质感，与轻奢风格家具表面的丝绒、皮革配合相得益彰

金属材质

金属材质自带摩登而不缺乏装饰主义的气息，是体现轻奢质感的常用元素

烤漆家具

烤漆家具光泽度很好，并且具有很强的视觉冲击力，似乎专为轻奢风格而生

皮革制品

皮革在人们心中是奢华、高贵以及充满野性的象征，轻奢风格空间少不了皮革制品的点缀

艺术抽象画

将抽象画的想象艺术融入轻奢风格空间中，于细节中彰显贵气

垂顺面料的布艺

垂顺的质地能给人一种温和柔美的感觉，非常具有亲和力

艺术人物雕塑

充满浓郁艺术气息的怪诞人物雕塑是现代轻奢风格空间中最常见的软装饰品之一

几何图案及造型

不同于繁复的装饰和精巧的雕纹，几何图案及造型可带来意想不到的视觉冲击力，尽显时尚

轻奢风格配色设计法则

想要使空间给人以轻奢的感觉，必然要经过巧妙的色彩搭配。轻奢风格的色彩搭配让人感觉充满了低调的品质感。既可以选用奢侈品牌的代表色，如爱马仕橙、蒂芙尼蓝等色彩，也可以选择如驼色、象牙白、金属色、高级灰等带有高级感的中性色，令轻奢风格的空间质感更为强烈。

△ 爱马仕橙是一种极具冲击力的时尚颜色，小面积的点缀可以令空间的表达张力更强

一、爱马仕橙

爱马仕橙不像红色深沉艳丽，它比黄色多了一丝明快厚重感，在众多色彩中耀眼却不令人反感。它自带高贵的气质，与爱马仕品牌内涵不谋而合。爱马仕橙的明度、纯度都很高，不宜大面积应用于家居空间，一般作为点缀色。如背景墙、窗帘、椅子、抱枕、软装饰品等，都可适当运用。

△ 蒂芙尼蓝是一种相对具有冲击力的颜色，更适合作为局部点缀

二、蒂芙尼蓝

蒂芙尼蓝是纽约珠宝公司蒂芙尼的专属颜色，它和知更鸟蛋的颜色非常接近，介于蓝色和青色之间。除了象征浪漫以外，也有真爱与幸福的美好寓意。近年来，蒂芙尼蓝除了在时尚圈大放异彩以外，也慢慢渗透到家居软装中。它天生自带知性温柔的轻奢气质，和其他颜色的匹配度非常高，无论大面积应用还是小部分点缀都十分出彩。

三、孔雀绿

孔雀绿中融合了蓝色与黄色，神秘而充满诱惑，高贵而清透、有生气，能够让轻奢风格的室内空间如同高傲的孔雀一般显得冷艳高贵。孔雀绿的色彩质感犹如宝石一般，将其运用在轻奢风格中，能使空间的色彩装饰效果更为强烈。孔雀绿本身也是一种非常容易搭配的色彩，且明度适中、包容性强。因此，无论小面积点缀还是大面积运用，都能呈现出很好的视觉效果。

△ 孔雀绿有一种高贵优雅的气质，作为点缀色局部使用不仅赏心悦目，更富有治愈感

四、象牙白

象牙白相对于单纯的白色来说，略带一点黄色，如果搭配得当，往往能呈现出强烈的品质感，而且其温暖的色泽能够体现出轻奢风格空间的特点。此外，由于象牙白比普通的白色具有更强的包容性，因此将其运用在室内装饰中，能让居住空间显得非常细腻温润。

△ 象牙白给人一种洁白纯净的感觉，搭配高级灰，可呈现出优雅精致之美

△ 大面积象牙白的护墙板衬托出家具的高级感

五、富贵紫

紫色是一种充满华贵和神秘气质的色彩，而且极富时尚感，恰好与轻奢风格要表现的优雅与精致的气质相得益彰。轻奢风格的空间中可以选择一些紫色的小型家具作为色彩点缀，使其成为空间的视觉焦点，比如紫色沙发和扶手椅就是一个很好的选择。

△ 卧室中的软装呈不同层次的紫色，传递出梦幻和唯美的感受

△ 白色护墙板的背景与软装中的紫色，可以形成时尚摩登的色彩组合

六、金属色

金属色是极容易被辨识的颜色，具有非常大的张力，易于打造出高级质感。金属色的美感通常来源于它的光泽和质感，因此金属色常在家具的材质上体现，如利用黄铜或其他金属包裹家具的边缘。用黄铜五金件修饰实木家具，既能保留木材与金属两种质感，又强调了金属色的地位，是最常见的一种手法。此外，金属色也多出现在灯架上。落地灯、吊灯等和金属色联系在一起，顿时给人以复古与奢华并存的轻奢感。

△ 金色绒布餐椅与金属吊灯形成呼应

轻奢风格软装元素应用

一、家具

　　轻奢风格的家具既有着欧式家具的优雅，也有简约家具的简洁气质，适用于追求品质的现代家居空间。造型线条通常较为简约，沙发、床、桌子一般都为直线，没有太多曲线，强调功能性，富含设计感。在材质方面以板式家具居多，搭配黄铜、不锈钢等金属材料作为装饰，且注重独立的原创设计。

　　随着设计行业的不断发展，轻奢风格家具的设计也呈现出日新月异的趋势。在轻奢风格的空间中添加一些奇妙的异形家具，能为家居空间设计带来意想不到的效果。这种造型独特、突破常规的家具设计，给人带来一种全新的生活体验，将个性创意元素与实用主义融入空间中。这样不仅能把轻奢风格的空间装点得更具气质，而且使家居装饰成为一种艺术。

△ 烤漆与金属元素相结合的家具

△ 强调功能的直线条家具

△ 异形家具

□ 金属家具

整体为金属或带有金属元素的家具，不仅能营造精致华丽的视觉效果，而且富有设计感的造型能让轻奢风格的室内空间显得更有品质。同时，金属家具简洁的线条与空间的融合度较高，搭配金碧辉煌的色彩，完美地诠释了简约与奢华并存的轻奢理念。

△ 金属家具

金属家具是以金属材料为架构，配以布艺、人造板、木材、玻璃、石材等材料制造而成，也有完全由金属材料制作的铁艺家具。金属家具结构形式丰富多样，可通过冲压、锻、铸、模压、弯曲、焊接等加工工艺设计各种造型。许多金属家具形态独特，风格前卫，展现出极强的个性化风采，这些往往是木质家具难以比拟和企及的。

□ 丝绒家具

丝绒隐隐泛光的质感非常符合轻奢的气质，其不仅精致，还自带高级感，通常作为家具的面料。即便空间中光照度很低，或选用了大面积的暗色系，丝绒家具也有着不容忽视的存在感，这是普通布面或皮质家具无法达到的效果。此外，将金属元素融入丝绒家具的搭配是最简单但能瞬间彰显品质的方法。

△ 丝绒家具

□ 大理石家具

大理石色泽自然，品种多样，一般用于餐桌、茶几等家具的设计。简约清新的色彩，结合大自然原始石材的天然纹理，可给空间增添时尚与优雅的气息。近年来，大理石在轻奢风格家具设计中的运用越来越常见，天然大理石和金属的碰撞，让空间更具立体感和都市感。

△ 大理石家具

☐ 烤漆家具

烤漆家具光泽度很好，并且具有很强的视觉冲击力，似乎专为轻奢风格而生。简洁干练的家具线条，搭配烤漆特有的温润光泽，能够很好地打造出奢华而但不浮躁的空间气质。此外，还可以在烤漆家具中融入镜面、金属等材料，让其更加时尚、耐看，光彩夺目。

△ 烤漆家具

☐ 皮质家具

为避免轻奢风格的皮质家具造型像传统的皮质家具那样给人过多的压抑感，可融入一些设计元素，比如条纹或者几何造型的车线，都是很好的选择。所用的皮料也可以做一些工艺处理，比如翻毛、磨砂等。

△ 皮质家具

二、灯具

轻奢风格的灯具的线条一般以简洁大方为主，装饰性远远大于功能性。造型别致的吊灯、落地灯、台灯以及壁灯都能成为轻奢风格重要的装饰元素。利用新材料、新技术制造而成的艺术造型灯具，可让室内空间的光与影变幻无穷。

在轻奢风格的室内空间中，灯具除了用于满足照明需求外，还具有无可替代的装饰作用。艺术吊灯可以为轻奢风格空间增添个性，并且以缤纷多姿的光影，提升空间品质。艺术吊灯的材质以金属居多，金属的可延展性为富有艺术感的灯具造型带来了更多的可能性，并且以饱满的质感，将轻奢风格简约精致的空间品质展现得淋漓尽致。

△ 轻奢风格空间的灯饰通常造型简洁现代，具有很强的装饰性

△ 艺术吊灯随性而不规则，成为视觉焦点的同时，轻松打造出轻盈、灵动又不失精致格调的空间意境

□ 铜灯

　　整体风格较为华丽的轻奢风格空间可考虑搭配铜灯。铜灯的材质主要以黄铜为原材料，并按比例混合一定量的其他合金元素。铜灯通常以金色为主色调，处处透露着高贵典雅，是一种非常"贵族"的灯具。相比于欧式铜灯，轻奢风格空间中的铜灯线条更为简洁，常见的有台灯、壁灯、吊灯以及落地灯等。

△ 铜灯

□ 电镀金属灯具

　　在轻奢风格的空间中常见电镀处理的金属灯具。这类灯具的金色有沙金、玫瑰金、电泳金、金古铜、钛金、青古铜、黄古铜等好几种细分颜色。金色的表面处理方式主要有喷漆、喷粉、电镀、钛金，就成本来说，喷漆、喷粉价格较低，电镀适中，钛金稍贵。

△ 电镀金属灯具

三、布艺织物

每一个轻奢的空间打造都少不了金属、镜面等材质，所以在布艺的搭配上，应该利用织物本身的细腻、垂顺、亮泽等特点来调和冷冽的金属感。

☐ 窗帘

轻奢风格的空间可以选择冷色调的窗帘迎合其表现的高冷气质，色彩对比不宜强烈，多用类似色来表达低调的美感，然后利用质感来中和冷色带来的距离感。材质上可以选择丝绒、丝棉等细腻、亮泽的面料，尤其是垂顺的面料更适合这一风格，因为垂顺的质地能给人一种温和柔美的感觉，具有非常强的亲和力。

轻奢风格的窗帘设计应尽可能避免使用过于繁杂的纹样，也不适合设计过于隆重的款式，因为繁复的元素往往会破坏轻奢风格所追求的"轻"。素色、简化的欧式纹样均为轻奢风格常用的纹样，多重铅笔褶的款式结合细腻垂顺的面料特点，能营造出简单而不失奢华的美感。

△ 丝绒材质布艺与皮草的加入，可完美打造极具设计感的轻奢空间

△ 轻奢风格窗帘

△ 冷色调且垂顺质地的面料是轻奢风格空间中窗帘常见的选择

□ 床品

轻奢风格的床品常以低纯度、高明度的色彩为基础，比如暖灰、浅驼等颜色，靠枕、枕头等色彩对比不宜过于强烈。压绉、衍缝、白织提花面料都是非常好的选择，再搭配皮草或丝绒面料可以丰富床品的层次感，强调视觉效果。

△ 有光泽的面料流露出华贵气息，不同明度的蓝色创造出丰富的层次感

□ 地毯

轻奢风格空间的地毯既可以选择简洁流畅的图案或线条，如波浪、圆形等抽象图形，也可以选择单色。各种样式的几何元素地毯可为轻奢空间增添极大的趣味性，但图案不宜过于复杂，更要注意与家具和地板相协调。如果沙发的面料图案繁复，那么，地毯就应该选择素净的图案；如果沙发图案过于素净，地毯也可以选择图案丰富一些的。

△ 相比于豹纹奢华狂野的气质，由经典的黑白两色组合而成的斑马纹既不失野性张力，又优雅温和，更易驾驭

△ 蓝白格纹地毯呼应沙发的色彩，给人以典雅和随性的感觉

四、软装饰品

软装饰品是轻奢风格空间中最具个性和灵活性的搭配元素。它不仅是空间中的一种摆设，还代表着居住者的品位，并且能够给室内环境增添美感。个性与原创是轻奢风格家居的装饰原则，因此，在搭配软装饰品时，一方面需要融入对家居美学的构建，另一方面要融入独到的个人风格，打造出独一无二的家居空间。

轻奢风格空间里的每一张装饰画、每一盏灯具、每一件个性的轻奢饰品，在强化主题风格的同时，还能提升轻奢家居的艺术感。

△ 轻奢风格空间搭配软装饰品遵循个性与原创原则，在强化主题的同时，可提升艺术性

△ 抽象造型的软装饰品以其独具特色的艺术性，在现代轻奢家居中被广泛运用

□ 摆件

　　轻奢空间所搭配的摆件往往呈现出强烈的装饰性，并且灵活地运用重复、对称、渐变等美学法则，使几何元素融入摆件中。搭配空间里的其他元素，使整体富有装饰性。如用金属、水晶及其他新材料制造的工艺品，纪念品与家具表面的丝绒，皮革共同营造出华丽典雅的空间氛围。

　　此外，抽象造型的饰品以其独具特色的艺术性，在现代轻奢家居中被广泛运用，抽象的人脸摆件、怪诞的人物雕塑都是现代轻奢风格空间中最常见的软装摆件。

△ 人物雕塑摆件

△ 水晶制品摆件

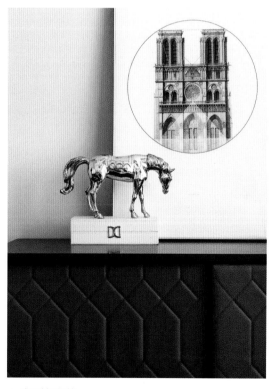

△ 金属制品摆件

□ 挂件

　　轻奢风格空间宜选择一些造型精致且富有创意的壁饰，有助于提升墙面的装饰品质。此外，还可以运用灯具的光影效果，赋予挂件现代时尚的意境美。金属是工业革命的产物，同时也是体现轻奢风格特色最有力的手段之一。需要注意的是，一些金色的金属挂件搭配同色调的软装元素，可以营造出气质独特的轻奢氛围。在使用金属挂件装饰墙面时，应添加适量的丝绒、皮草等软性饰品来调和金属的冷硬感，起到平衡家居空间的作用。

△ 几何造型的装饰挂件

　　软装元素在风格上协调统一，才能保持整个空间的连贯性，因此软装设计时使挂件的形状、材质、颜色与同区域的饰品相呼应，能够给人非常强的协调感，并让家居空间显得更加和谐统一。

△ 金属材质挂件

□ 花器与花艺

　　轻奢风格的花艺造型与构图往往变化多端，追求自由、新颖和趣味性，以突出别具一格的艺术美感。在花材和花器的选择上限制较少，植物的花、根、茎、叶、果等都可作为轻奢空间的花艺题材。另外，花材的概念也从鲜切植物延伸到了干燥花和人造花，而植物材料的处理方法也越来越丰富。

　　由于花艺的外形自由、抽象，与之配合的花器一般造型奇特，有时也会呈现出简单的几何感，以强调轻奢风格空间精致且注重装饰品质的特点。花器的选材广泛，如金属、瓷器、玻璃、亚克力等材质都较为常见。

△ 呈现简单几何感的花器

□ 装饰画

　　轻奢空间的装饰画一般会选用建筑物、动物、植物等图案的海报，有些以英文、诗歌等内容为素材，使用摄影、油画、插画等表现手法，展现出高品质的艺术感，色彩上以淡雅为主。此外，还可以将抽象画的想象艺术融入轻奢风格的空间里。在画框搭配上，除了黑、白、灰的细边框及无框画，细边的金属拉丝框是最常用的，可与同样材质的灯具和摆件进行完美呼应，给人以精致奢华的视觉体验。

　　抽象艺术最早出现于艺术家康定斯基的作品中，它是由各种反传统的艺术影响融合而来，虽然一直被人们看成难懂的艺术，但在轻奢风格的空间里却能起到画龙点睛的作用。

　　轻奢风格空间于浮华中保持宁静，于细节中彰显贵气。既可以在墙上挂一幅装饰画，也可以把多幅装饰画拼接成大幅组合画，以制造出强烈的视觉冲击效果。此外，抱枕、地毯及摆件等都可以和装饰画中的颜色进行完美融合。

△ 抽象图案装饰画为墙面注入艺术活力，是轻奢空间的常见元素

△ 白色墙面上选择搭配高纯度色彩的装饰画容易形成空间的视觉中心

△ 细边的金属拉丝画框提升了空间的精致感与品质感

△ 多幅装饰画拼接成大幅组合画，具有很强的视觉冲击力

INDUSTRIAL

STYLE

4

PART

第四章

工业风格

工业风格起源与设计特征

一、工业风格形成与发展背景

工业风格起源于 19 世纪末的欧洲，是工业革命爆发之后，在工业化生产的基础上发展起来的。最早是将废旧的工业厂房或仓库改建成兼具居住功能的艺术家工作室，这种宽敞开放的 LOFT 房子的内部装修往往保留原有工厂的部分风貌。这类有着复古和颓废艺术范儿的格调成为一种风格，散发着硬朗的旧工业气息。

工业风格空间离不开法国的工业家具和灯具。很多早期工业风格的家具，是埃菲尔铁塔的变体。它们的共同特征是金属集合物，还有焊接点、铆钉这些暴露在外的结构组件；发展到后来，工业风格的家具设计又融入了更多装饰性的曲线。早期工业革命期间，法国诞生了一批专门用于工厂车间的绘图家具。这是一种用钢材和木材制造的可调式家具，后来被广泛应用于学校、餐厅和酒吧，再后来就演变成了今天的工业风格家具。

美国设计师查德·巴克敏斯特·富勒因发展球体网结构而闻名于世，是早期工业风格的先驱者。球体网状结构之后一直被广泛采用，建造于 1967 年的蒙特利尔世界博览会的美国馆就采用了这种结构。最著名的早期工业风格建筑非巴黎蓬皮杜国家艺术文化中心莫属，它是由意大利设计师伦佐·皮亚诺与英国设计师理查德·罗杰斯共同合作设计的。

△ 废弃的旧仓库改建而成的咖啡馆

△ 巴黎蓬皮杜国家艺术文化中心外部自动扶梯

二、工业风格装饰特点

　　过去的工业风格大多数出现在废弃的旧仓库或车间（其经过改造后脱胎换骨，成为一个充满现代设计感的空间）内，也有很多出现在旧公寓的顶层阁楼内。工业风格的物品大多由钢、铁和木材组合制造而成。它们经过磨损、回收和再利用，才能达到最佳效果。发展到如今，工业风大多运用于男性居住者的家里，或者运用在一些有特色的商业空间，例如餐厅、咖啡厅、酒吧等。中性和硬朗是人们对这种风格的主要印象。

　　工业风格在设计中会出现大量的工业材料，如金属构件、水泥墙、水泥地、做旧质感的木材、皮质元素等。格局以开放性为主，通常将所有室内隔墙拆除，尽量保持或扩大厂房宽敞的空间。这种风格用在家居领域，给人一种现代简约的工业气息和随性感。

△　工业风空间的格局以开放性为主，尽量保持宽敞的空间

为了强调空间的工业感，室内会刻意保留并利用那些曾经属于工厂车间的材料设备，比如钢铁、生铁、水泥和砖块。有时候旧厂房内的燃气管道、灯具或者空调设备都会被小心地保留下来。工业风格空间的窗户或者横梁上都做成铁锈斑驳的样子，显得非常破旧。

工业风格的顶面基本上不会出现吊顶的设计，尽量保留原来的结构，包括梁、柱和管道。最简单直接的方式就是保留不加装饰的水泥顶。除了顶面可以刷白、喷黑或者喷灰以外，裸露的管道也可以喷成喜欢的颜色。

在工业风格空间中，常用的地面材料有仿古砖、水泥自流平等。在挑选仿古砖时，要选择色彩纯度低且有做旧肌理的样式，例如模仿铁锈肌理的铁锈砖。水泥自流平的处理方法在工业风格的空间中较为常用，有时会用补丁来表现自然磨损的效果。

墙面多保留原有建筑的部分面貌，比如墙面不加任何的装饰，把墙砖裸露出来，或者采用砖块设计、涂料装饰，甚至可以用水泥墙来代替。

△ 不刻意隐藏各种水电管线，将它化为顶面的视觉元素之一

△ 墙面不加任何装饰，把墙砖裸露出来

△ 保留材质的原始质感是工业风格的最大特征之一

刻意保留未经装饰的墙面是工业风格的重要特征之一。墙面装饰以有粗糙肌理的材料为主，常用的墙面装饰材料有文化石、红砖、水泥板、马赛克拼贴、仿古墙面漆、粗糙的木板等。

工业风格常将黑白色作为基础色调，辅助色通常搭配棕色、灰色、木色。这样的空间氛围对色彩的包容性极强，所以可多用彩色软装元素、夸张的图案进行搭配，以中和黑、白、灰的冰冷感。除了木质家具，造型简约的金属框架家具也能给人带来冷静的感受。虽然家具表面失去了岁月的斑驳感，但金属元素的加入丰富了工业感的主题。丰富的细节装饰也是工业风格表达的重点，同样起着扩大空间及增添温暖感的作用，油画、水彩画、工业模型等的应用会产生意想不到的效果。

三、工业风格设计类型

□ 极简工业风格

极简工业风格和极简主义一样，在保留房屋原本结构的基础上，设计时追求展现原始的本质和简洁的装饰，形式上倾向于简单的几何造型或流畅线条，主张省去繁复的装饰，让家居空间显得更加自由而不复杂，如今受到了很多人的追捧。

△ 极简工业风格

□ 复古工业风格

这类有着复古和颓废艺术范儿的风格散发着硬朗的旧工业气息，在设计中会出现大量的工业材料，如金属构件、水泥墙、做旧质感的木材、皮质元素等。格局以开放性为主，通常将所有室内隔墙拆除，尽量保持或扩大厂房宽敞的空间。

△ 复古工业风格

四、工业风格设计要素

原始水泥墙面

水泥是工业风的最佳搭档，可呈现出原生态的美感

裸露管线

不刻意隐藏各种水电管线，而是通过位置的安排以及颜色的配合，将它化为室内的视觉元素之一

裸砖墙

砖块与砖块中的缝隙可以呈现有别于一般墙面的光影层次，裸砖墙也常进行黑、白、灰颜色的粉刷

黑、白、灰基调

工业风常使用朴素简单的黑、白、灰基调

做旧原木家具

原木能完整地展现木纹的深浅与纹路变化，尤其是老旧木头更有质感

做旧皮质沙发

做旧皮质沙发衬托出工业风粗犷而怀旧的气质

齿轮挂件

旧工业机械零件元素装饰

铁管件元素家具

旧工业零件常在工业风格家具中出现

老旧物件装饰

老打印机、电话、缝纫机、相机等是打造怀旧风常见的装饰元素

复古灯具

造型简单、工艺做旧的工业吊灯，裸灯泡，爱迪生灯泡等突出工业风格的简单直接

工业风格配色设计法则

一、黑、白、灰

黑、白、灰是最能展现工业风格的主色调。作为无色系，它们营造的冷静、理性的质感，就是工业风的特质，而且可以大面积应用。黑色冷酷和神秘，白色优雅和轻盈，两者混搭交错可以创造出更多层次的变化。此外，黑、白、灰更容易搭配其他色系，例如深蓝、棕色等沉稳的中性色，也可以是橘红、明黄等清新暖色系。

△ 黑、白、灰营造的冷静、理性的质感，可以大面积应用

△ 黑白色搭配使用可以在空间中创造出更多的层次变化

二、裸砖墙 + 白色

裸砖墙一度在家居装饰中受到冷落，因为裸露的砖墙往往给人粗糙原始的感觉。而随着工业风格的流行，越来越多的人被裸砖墙的外观所吸引，相比于经过粉饰的光滑墙面，裸砖墙更具有质朴复古的韵味。而裸砖墙与白色是最经典的固定搭配，原始繁复的纹理和简约白形成互补效应。

△ 裸砖斑驳的质感与简约的白色形成互补效应

三、原木色＋灰色

工业风格给人的印象是冷峻、硬朗、充满个性，原木色、灰色等低调的颜色更能突显工业风格的魅力。相比于白色的鲜明、黑色的硬朗，灰色则更内敛。如果白色是中和裸砖墙工业风格的调和剂，那么灰色则添加了一抹暗抑的美感。

△ 原木色和水泥的灰色组合使用，使工业风格空间具有一种神秘的绅士气质

四、高饱和度点缀色

工业风格的墙面常设计成灰色、白色，地面以灰色、深色的木地板居多，水泥自流平地面也十分普遍。由于原材料朴实且颜色单一，后期可选择具有较强视觉冲击力的红、黄、蓝等高纯度的颜色进行搭配。

△ 通过高饱和度色彩的软装缓和大面积水泥墙地面带来的冷感

工业风格软装元素应用

一、家具

工业风格的空间对家具的包容度很高，可以直接选择金属、皮质、铆钉等家具，或者现代简约造型的家具。例如选择皮质沙发，搭配海军风的木箱子、航海风的橱柜、Tolix 椅子等。

工业风格空间常见金属骨架与原木结合的柜体，一格格的抽屉仿佛一个个中式药材柜。很多工业风格的餐桌、书架、储物柜以及边几的底部都带有轮子，一些餐桌还可以折叠。

工业风格的桌几常使用回收旧木或金属铁件，质感较为粗犷；茶几或边几应与沙发材质相呼应，例如木架沙发，可搭配木质、木搭玻璃、木搭铁件茶几或旧木箱；皮革沙发通常有金属脚的结构，可选择金属搭玻璃、金属搭木质、金属搭大理石等类型。

△ 表面带有磨旧痕迹的皮质沙发

△ 底部带轮子的茶几

△ 带铆钉装饰的凳子

Tolix 椅

Tolix 椅是经典的工业风格椅。其于 1934 年由 Xavier Pauchard 设计，是一把有味道、有态度的椅子。它早期作为户外用家具，被全世界时尚设计师所宠爱，之后顺利从室外扩展到家居、商业、展示等多个领域。

维也纳咖啡椅

维也纳咖啡椅由德国设计师迈克·索耐特于 1859 年运用蒸汽弯曲木技术制造而成。这种圆背木椅没有扶手，造型修长，将一整根圆木料弯曲成弧形，一直从椅背连到后部的两条腿上，后期改为用金属管制造。

托莱多凳

由托莱多金属家具公司于 20 世纪 30 年代设计制造并申请专利的一系列工业绘图凳，是工业美学家具的典范。

标准椅

标准椅源自法国家具设计大师普鲁威，他的作品注重结构逻辑和新材料的应用，其设计优点是轻便、舒适、美观、大方等。

海军椅

因美国海军需要为潜艇设计一款耐腐蚀、耐用、轻盈的金属座椅，设计师威尔顿·丁格斯选定了铝材这种轻质、坚固的材料，整把椅子以 80% 的回收铝合金作为原料，经过了 77 道工序完成，目标是要让椅子的使用期限长达 150 年。

奥门克斯顿卡椅

由英国设计师罗德尼·金斯曼于 1971 年设计。这把椅子的特点是在整条钢管弯曲而成的框架内安装上压制钢板的座板和靠背，并在上面镂刻出整齐的圆孔。

□ 金属家具

工业风格的空间离不开金属元素，金属质地的家具是首选。但是金属家具过于生硬冰冷，一般采用金属与木材结合的造型，表面通常刷中性色油漆，如灰色、白色等。

△ 金属家具

□ 原木家具

许多铁制的工业风格桌椅会将木板作为桌面或者椅面，如此一来就能够完整地展现木纹的深浅与纹路变化。尤其是老旧、有年纪的木头，做起家具来更有质感。最常见的是实木或拼木桌板配铁质桌脚，但桌脚的造型要与空间主体的线条相互配合。

△ 原木家具

□ 皮质家具

皮质家具非常具有年代感，特别是做旧的质感给人以复古的感觉，所以皮质家具也是工业风格常用的软装元素。有别于细心染色处理的皮料，工业风擅长展现材料自然的一面，因此宜选择原色或带点磨旧感的皮革，颜色以深棕或黄棕色为主。皮质经过使用后会自然龟裂且改变色泽，展现出工业风格的独特韵味。

△ 皮质家具

二、灯具

在工业风格的空间中，灯具的运用极其重要。工业风格空间中的灯具除了金属机械灯以外，也常用同为金属材质的探照灯，其独特的三脚架造型如同电影放映机，不但能营造出十足的工业感，还有画龙点睛的作用。有色彩鲜明的灯罩的机械感灯具，在美化空间的同时，还能烘托工业风格空间的冷调氛围。

迷恋工业风格的人们一定对各式裸露的钨丝灯泡情有独钟。昏暗的灯光下，若隐若现的不同钨丝缠绕的纹理，能提升整个室内空间硬朗的工业风气质。因为工业风格整体给人的感觉是冷色调，色系偏暗，所以可以多使用射灯，增加局部空间的照明，舒缓工业风格居室的冷硬感。

△ 裸露的灯泡不需要任何灯罩，更好地诠释了工业风的简单、粗糙特征

△ 金属材质的三脚架探照灯

△ 将轨道射灯作为空间主要照明

蜘蛛灯

蜘蛛灯于 2005 年由 Ron Gilad 设计，灵感来源是一般的悬臂式台灯，将 16 支独立物件，组合成一个气势磅礴的大型吊灯，每一枝角度皆可依所需的照明效果自由调整角度，不但实用且装饰性十足，使一个原本不起眼的吊灯，瞬间成为整个空间的亮点。

机械手臂灯

机械手臂灯由法国工程师伯纳德·阿尔滨·格拉斯于 1922 年设计，不用焊接，也没有螺钉，将工程力学的精巧技术发挥到极致。其最初应用于办公或工业领域，后来逐渐变成一种在家居空间和商业空间中越来越普及的摇臂灯。

Anglepoise 悬臂式台灯

诞生于 1932 年的 Anglepoise 可以说是悬臂式台灯的先驱，是 20 世纪最经典的灯具之一，也是设计史上被复制、模仿最多的产品之一。

Potence 灯

Potence 灯由法国设计师普鲁威于 1950 年设计，灯具的结构简单到了极致，从墙壁上伸出长长的灯臂，再加上一颗灯泡，让照明设计回归原始状态。

Original BTC 吊灯

英国灯具品牌 Original BTC 由彼得·鲍尔斯于 1990 年创立。Original BTC 旗下还有 Davey Lighting 和 LED lighting 两个品牌。Original BTC 灯具从英国丰富的后工业化历史中汲取灵感，应用了最新的现代技术和复古技术。

□ 珐琅金属灯具

工业风格灯具的灯罩常用金属材质的圆顶造型，表面经过搪瓷处理或者模仿镀锌铁皮材质，而且常见绿锈或者磨损痕迹的做旧处理。很多工业风格空间中常将表面暗淡无光的灯具与光亮的灯具混合使用。

△ 珐琅金属灯具

□ 双关节灯具

双关节灯具最容易表现出工业风格的特点，简约而富有时代感，除了台灯以外，落地灯、壁灯、吸顶灯也都具有类似风格。简洁的线条、笔直的金属支架、半球灯罩，无过多浮华粉饰，却尽显岁月沧桑。

△ 双关节灯具

□ 网罩灯具

早期的工业风格灯具大多带有一个金属网罩，以便于保护灯泡，因此网罩便成为工业风格灯具的一大特点。发展到今天，网罩灯具常用金属缠绕管制造，材质包括铝、不锈钢、镀锌钢和黄铜等，制造出别具特色的台灯、落地灯、壁灯和吊灯。

△ 网罩灯具

□ 麻绳吊灯

粗犷的麻绳吊灯是工业风格设计的一个亮点，保留了材质原始质感的麻绳和现代感十足的吊灯组合，形成强烈对比，也体现了居住者不俗的艺术品位。

△ 麻绳吊灯

三、布艺织物

工业风格诞生于工厂、仓库，这些过去用来堆放物品及设备的场所，如今要改为居住空间，势必需要加入窗帘、地毯、抱枕等布艺，使空间更为舒适，缓和过于单调和冰冷的工业感。工业风格空间中所使用的布艺，通常选择质地相对粗犷、纹理清晰的类型。

□ 窗帘

工业风格的窗帘一般选用暗灰色或其他纯度低的颜色，这样跟工业风黑、白、灰的基调更加协调，有时也会用到色彩比较鲜明或者设计感比较强的艺术窗帘。窗帘的材质一般采用肌理感较强的棉布或麻布，这样能够突出工业风格空间粗犷、自然、朴实的特点。工业风格的窗帘可采用窗帘杆明装。因为工业风格最突出的特点就是管线外露，呈现一种程式化的机械感，明装的窗帘恰好与这一点相吻合。

△ 字母图案的黑白色窗帘

△ 肌理感较强的棉布条纹窗帘

□ 床品

相比于机械元素的复杂效果，工业风格的床品布艺则要显得精简许多。床品大都选择与周围环境相呼应的中性色调，一般都是单色的床单、被子和枕头，色彩纯度较低，偶尔有较为鲜艳的色彩，质地也偏粗糙。有时选择与金属元素质感相差极大的长毛块毯，可以使卧室中的冷硬线条显得柔和。此外，工业风格的卧室中没有传统的床裙或者床罩等。材质多为棉麻或者带有金属光泽的丝绸，局部点缀粗浅编织的毛毯或者动物皮毛。

△ 中性色床品搭配条纹图案的靠枕，有一种旧时代的质朴与直白

△ 工业风格的抱枕大多选用棉布材质，而且表面会呈现出做旧、磨损和褪色的效果

□ 抱枕

通常，工业风格的空间多选用中性色，让人有一丝冷感。抱枕虽小，却是营造温暖氛围的极佳元素之一。工业风格的空间宜选择造型简洁的抱枕，正方形或者长方形是最佳选择。抱枕多选用棉布材质，表面呈现出做旧、磨损和褪色的效果，通常印有黑色、蓝色或者红色的图案或文字，大多数看起来像包装货物的麻袋，复古气息扑面而来。

△ 工业风格抱枕

□ 地毯

地毯在工业风格的空间当中并不多见，大多应用于床前或沙发区域。地毯必须融入整体风格，粗糙的棉质或者亚麻编织地毯能更好地突出粗犷与随性的格调，未经修饰的皮毛地毯也是很好的选择。此外，简约的现代风格地毯和传统的波斯地毯均可用于工业风格的空间中。

△ 波斯地毯

△ 亚麻编织地毯

四、软装饰品

工业材料经过再设计打造的饰品是突出工业风艺术气息的关键。选用极简风格的金属饰品，具有强烈视觉冲击力的油画作品，或者具有现代感的雕塑模型作为装饰，也能极大地提升整体空间的品质。这些小饰品体积不大，但是如果搭配巧妙，不仅能表现出工业风格的粗犷，而且能彰显独特的艺术品位。

□ 摆件

工业风格的室内空间无须陈设各种奢华的摆件，越贴近自然和结构原始的状态越能展现该风格的特点。装饰摆件通常采用灰色调，用色不宜艳丽，常见的摆件包括旧电风扇、旧电话机或旧收音机、木质或铁皮制作的相框、放在托盘内的酒杯和酒壶、玻璃烛杯、老式汽车或者双翼飞机模型。工业风格的摆件摆放遵循凌乱、随意、不对称原则，小件物品可选用跳跃的颜色作点缀。

△ 工业风格摆件的特点是贴近自然和保持结构原始的状态

□ 挂件

工业风格的墙面特别适合装饰用金属水管制成的挂件。如果空间已经完成所有装修，无法把墙面打掉露出管线，那么，这些挂件就是不错的替代方案。把原生态的美感表现出来，是工业风格装饰所突出的主题。此外，将超大尺寸的做旧铁艺挂钟、带金属边框的挂镜或者一些类似旧机器零件的黑色齿轮挂在沙发墙上，也能营造浓郁的工业气息。

△ 超大尺寸的做旧铁艺挂钟

□ 花器与花艺

传统的工业风总是离不开铁艺、水泥、混凝土以及裸露的管线。粗犷的风格很适合追求个性的男性业主，但少了一些女性的精致。将花艺与绿植融入工业风格的设计中，不仅使空间"刚柔并济"，更能让人感受到扑面而来的大自然气息，使人神清气爽。

工业风格常把化学试瓶、化学试管、陶瓷或者玻璃瓶等作为花器。绿植一般为宽叶植物，树形比较高大，与之搭配的是金属材质的圆形或长方柱形花器。

△ 绿植既可以减少工业风的冰冷感，更能让人感受到铺面而来的自然气息

□ 装饰画

在工业风格空间的墙面上搭配几幅装饰画，沉闷冰冷的室内气氛就会变得生动活泼起来，也会增加几分温暖的感觉。挂画题材可以是具有强烈视觉冲击力的大幅油画、广告画或者地图，也可以是自己的一些手绘画，或者是艺术感较强的黑白摄影作品。

△ 具有强烈视觉冲击力的大幅油画

MODERN SIMPLE

STYLE

(5)

PART
第五章

现代简约风格

现代简约风格起源与设计特征

一、现代简约风格形成与发展背景

简约主义源于 20 世纪初期的西方现代主义，是在 20 世纪 80 年代中期对复古风潮的叛逆和极简美学的基础上发展起来的。90 年代初期，其开始融入室内设计领域，以简洁的表现形式来满足人们对空间环境感性、本能和理性的需求。

现代简约风格真正作为一种主流设计风格被搬上世界设计的舞台，实际上是在 20 世纪 80 年代兴起于瑞典。虽然之后出现了解构主义，试图打破这种设计理念，但是，人们渴望在视觉冲击中寻求宁静和秩序，所以简约风格无论在形式上还是精神内容上，都迎合了这个背景下所产生的新的美学价值观。

欧洲现代主义建筑大师 Mies Vander Rohe 的名言 "Less is more" 被认为代表着简约主义的核心思想。由法国建筑师保罗·安德鲁设计的法国国家大剧院、由中国香港设计师梁志天设计的大量室内设计作品对现代简约风格起到了积极的推动作用。两位设计师的共同点都是以完美的功能和简洁的空间形态来体现自己对简约风格的理解。

△ 室内空间呈现出简洁利落的线条感是现代简约风格的主要特点之一

△ 现代简约风格的室内设计核心就是强调功能与形式的完美结合

△ 法国建筑师保罗·安德鲁设计的法国国家大剧院整个壳体风格简约大气，宛若一颗晶莹剔透的水上明珠

二、现代简约风格装饰特点

在当今的室内装饰中，现代简约风格是非常受欢迎的。因为简洁的线条、注重功能的设计最能符合现代人的生活需要。现代简约风格的特点是将设计的元素、色彩、照明、原材料简化到最少的限度。其空间设计重点是简洁洗练，辞少意多。简约不是简单的摹写，也不是简陋肤浅，而是经过提炼形成的精、约、简、省。造型简洁，反对多余的装饰是简约风格空间最大的特征。

△ 利用石材、皮革、布艺织物等材料本身的质感凸显家居品质

虽然在各个时代都对简约有不同的理解，但简约风格室内设计的核心就是强调功能与形式的完美结合，在任何一个室内空间中，人永远占据主体地位，设计的重点应考虑如何合理使用空间功能，以及人使用设施的方便性。

在色彩上，现代简约风格空间的基础色一般为大面积的灰色、白色。现代简约风格在装饰材质的使用上更为大胆和富于创新，例如简约主义的代表人物瑞士设计师赫尔佐格和德梅隆合作设计的作品伦敦泰特现代美术馆，以及与中国设计师合作设计的中国国家体育场（鸟巢）主要特征就体现在对材料的运用上。玻璃、钢铁、不锈钢、金属等现代材料最能表现出现代简约的风格特色。另外，具有自然纯朴本性的石材、原木也很适合现代简约风格空间。除了线条、家具、色彩、材质以外，明暗的光影变化更能突显出空间的质感。

△ 伦敦泰特现代美术馆

△ 国家体育场（鸟巢）外观

三、现代简约风格设计类型

□ 意式极简风格

意式现代极简风格追求以最简洁的设计手法来打造奢华气质，造型上的简洁是为了让材质本身更好地表现出华丽感。选材方面多用实木、优质真皮等纯天然的绿色环保原材料。空间的整体线条利落简洁，家具都以直线为主，很少有曲线条。造型简洁、富含设计感。色彩多以单色为主，其中黑、白两色是最常见的，局部还会搭配一些灰色、银色、米黄色等，基本不会出现印花、图腾等。

△ 意式极简风格

意大利米兰、德国和北欧是全球最主要的极简家具制作国家和地区。其中最为朴素的是北欧极简风格，工业化痕迹最重的是德国极简风格，而在简约中透着奢华与时尚的就是米兰的意式极简风格。

□ 港式简约风格

港式简约风格的硬装部分用色相对较深，如灰色或木色等。金属线条及玻璃材质较为常见，且多采用无主灯设计。软装部分以沉稳为主，局部辅以跳跃色进行点缀，以增加色彩的层次感。

△ 港式简约风格

四、现代简约风格设计要素

镜面、玻璃和亚克力材质

镜面、玻璃和亚克力等是现代简约风格中常用的新型材料，能给人带来前卫、不受拘束的感觉

无主灯设计

在空间内通过增设轨道灯、射灯、筒灯或者落地灯和台灯等实现照明，既美观又实用，也体现了现代简约风格的特点

空间功能分区简化

现代风格追求空间的实用性和灵活性，功能分区尽可能简化，功能空间相互渗透，使得利用率达到最高

局部墙面大色块装饰

现代简约风格拘泥于单色的墙面，也可用几种柔和的颜色把墙面刷成淡淡的几何图案，受到时下年轻人的喜爱

去除一切繁复设计

现代简约风格的空间去除一切繁复设计，例如不设计雕花、踢脚线、石膏线等

高级灰的应用

现代简约风格与高级灰相遇，可营造出低调而不失优雅的室内空间

多功能家具

现代简约风格注重简洁实用，家具强调功能性设计

无框艺术抽象画

无框艺术抽象画摆脱了传统画边框的束缚，更符合大众的简约标准

直线条家具

现代简约家具崇尚"少即是多"的美学思想，线条简约流畅

简约抽象造型摆件

简约抽象造型摆件简洁现代，常把鲜艳的纯色作为空间的点缀

烤漆家具

烤漆家具具有表面光洁、无肌理感、视觉冲击力强的特点，常被用于现代简约风格中

白绿色花艺或绿植

现代简约风格的空间可选择白绿色的花艺或绿植作为装饰

现代简约风格配色设计法则

除了白色以外，原木色、黄色、绿色、灰色甚至黑色都可运用到现代简约风格的家居空间中，例如白色和原木色的搭配就是天作之合。木头是天然的颜色，和白色不会有任何冲突。除此以外，想要展现出现代简约风格的个性，也可以使用强烈的对比色彩。

△ 把有高饱和度色彩的沙发作为空间的视觉焦点

一、黑白色

黑白色组合在现代简约风格的空间中最为常见。黑色的抽象表现力，是其他颜色所不具备的。它自带的深沉感，不含有任何浮躁的元素。白色让人感觉清新和安宁，白色调的装饰是简约风格小户型的最佳选择。而且白色属于膨胀色，可以让狭小的房间看上去更为宽敞明亮。

△ 以黑白色为主调的空间应注意把握黑色部分的比例，过多的黑色容易带给人压抑感

△ 在大面积白色块面中出现黑色元素的点缀，让空间显得更有层次感

二、高级灰

高级灰最早出现于绘画当中，是一种灰得有美感的颜色。意大利著名画家乔治·莫兰迪淡泊物外，迷恋简淡，加上一生不曾结婚，被称为"僧侣画家"。他的创作风格非常鲜明，以瓶瓶罐罐居多，色系也很简单。由于他的灰调画作极具辨识度，因此很多人又把高级灰色调称作"莫兰迪色"。

高级灰并不是灰色，它指的是一个色系，泛指低纯度色系，可以简单地理解为更淡、更接近灰色。它所呈现的色调纯度偏低，柔和而平静，看似单调，实则丰富。从莫兰迪的画作中可以发现，其实高级灰也有区别，不仅有冷暖色相，还可细分为棕灰色调、黄灰色调、蓝灰色调、粉灰色调等，这些失去了色彩明度和饱和度的倾向，却又和谐的中间色调，就是高级灰。

高级灰的低饱和度，虽然有时候看起来有些不起眼，但它恰恰营造出一种没有冲突的美感，降低了色彩对人情绪的影响，所以彰显出一种莫名的高级感。在极简主义的空间中，高级灰可以说是必不可少的存在。

△ 灰色与黑色、白色的组合呈现永恒的经典，是现代风格家居的典范

通常所说的高级灰，并不是单单指代表某几种颜色，更多的是指整体的一种色调关系。有些灰色单拿出来并不是显得那么好看，但是它们经过一些设计组合在一起，就能营造一些特殊的氛围。

△ 灰色墙面作为背景，表现出简洁利落的空间气质

△ 高级灰沉静内敛的气质能烘托空间的氛围，更能给人带来前卫现代的感觉

现代简约风格软装元素应用

一、家具

现代简约风格的家具线条简洁流畅，无论造型简洁的椅子，或是强调舒适感的沙发，其功能性与装饰性都能表现得淋漓尽致。一些多功能家具通过简单的推移、翻转、折叠、旋转，就能完成家具不同功能之间的转化，其灵活的角色转换能力，无疑在现代简约风格的家居环境中起到了画龙点睛的作用。

Z 形椅

Z 形椅由工业设计大师 Gerrit Rietveld 在 1934 年设计，这种椅子的脚、座椅和靠背部分均摆脱了传统椅子的造型，非常节省空间，是现代简约风格最具代表性的椅子之一。整张椅子被简化成四块通过榫卯及钉子拼接在一起的木板，彰显了设计和技术的融合。

□ 简单线条家具

简单线条家具的应用是现代简约风格的特点之一，无论沙发、床还是各类单椅，直线条的简单造型都能令人体会到简约的魅力。在现代简约风格空间中，简单线条的布艺沙发属于应用最广的家具。此外，简单线条的板式床也很常见。板式床是指基本材料采用人造板，使用五金件连接而成的家具，一般款式简洁，比较节省空间。

△ 线条利落简洁是现代简约风格家具最明显的特征，同时还兼具功能性

□ 定制型家具

　　很多现代简约风格的家居空间面积不大，而且常常会有不规则的墙面，特别是一些夹面不垂直的转角，有梁、柱的位置，选择定制家具是一个不错的选择。例如，书房面积较小，可以考虑定制书桌，不仅自带强大的收纳功能，还可以最大限度地节省和利用空间。卧室面积不大，可以将衣柜嵌入墙体当中，与墙面融为一体，既满足衣物的收纳需求，又带来干净利落的视觉感受。

△ 与电视柜连成一体的定制榻榻米

△ 根据圆弧形墙面定制的餐椅

△ 定制的书桌下方设计一排抽屉，实用的同时显得简洁大气

△ 通常，角落空间很难选到合适尺寸的书桌，可选择定制书桌

□ 多功能家具

简约不是真正意义上的简单，而是需要建立在满足强大的储物需求之上，这样空间才能做到简化物品，居住者才能享受简单的生活。所以现代简约风格的空间适合选择一些带收纳的多功能家具。多功能家具是一种在具备传统家具初始功能的基础上，实现一物两用或多用的目的，实现新设功能的家具类产品。

例如，隐形床放下是床，将其竖起来就变成一个装饰柜，与书柜融为一体，不仅非常节约空间，而且推拉十分轻便。还有多功能榻榻米，一提起月牙形拉手，下面隐藏的储物格，就通过化整为零块面分割，形成不同的收纳空间。沙发床可以放在卧室或者书房内，平常可以作为座椅使用，当需要时，又可以充当床。有些沙发底部全为储物空间，可收纳抱枕、杂志、棉被，让客厅不再凌乱。一些茶几也带有收纳抽屉，可伸缩，也可旋转，可以用来收纳医药用品、遥控器、杂志、玩具等。有些餐桌侧边带有储物收纳抽屉，简单实用，便于收纳各种细小的餐具，如筷子、勺子、蜡烛等小东西都能放到这些抽屉里。

△ 阶梯型地台床不仅富有趣味性，而且储物功能更为强大

△ 床下设计抽屉柜，既能收纳又能阻挡地面湿气

△ 隐形床既实用又节省空间

二、灯具

现代简约风格灯具除了造型简洁，更加讲究实用性。吸顶灯适用于层高较低的简约风格空间，或是兼有会客功能的多功能房间。因为吸顶灯的底部完全贴在顶面上，特别节省空间，也不会像吊灯那样显得累赘。现代简约风格空间中的点光源照明主要通过筒灯来实现。筒灯是一种嵌入到天花板内，光线下射式的照明灯具。相较于普通明装的灯具，筒灯聚光性更强。

无主灯照明是现代风格的一种设计手法，追求一种极简效果。无主灯照明就是没有大主灯，用更多、更具体的灯光来进行空间的照明，还可根据需求调整局部空间的明暗。采用无主灯照明，将点光源、线光源进行组合，既可根据不同的使用场景的需要切换相应的照明模式，满足功能比较复杂的房间的照明需求，营造更为贴切的灯光氛围，让空间层次更丰富；还可以根据需要，对物体进行重点照明。

在使用主灯照明的空间中，一盏灯控制整个空间，无法兼顾局部空间，光线死角较多。无主灯照明设计的空间，将多种光源例如筒灯、射灯、灯带等组合起来使用。

△ 吸顶灯紧贴顶面，非常适合层高较低的空间

△ 现代简约空间中，隐藏于吊顶之中的暖光源适合营造温馨舒适的氛围

△ 相比于只有一盏吊灯作为主照明的情况，多处点光源叠加的视觉效果更有层次感

□ 金属灯具

金属灯具通常使用的材料有铝材、铜材、不锈钢等。其不仅耐用，而且给人一种现代时尚、线条简洁的感觉。一般，金属灯具多采用抛光工艺，或者拉丝、电镀、磨砂等工艺，使灯具更有质感。

△ 大弧度造型的银色金属落地灯

△ 电镀处理的金属灯具

□ 玻璃灯具

以玻璃为材质的灯具有着透明度好、照度高、耐高温等优点。很多工艺复杂的玻璃灯具既是一件照明工具，又是一件精美的艺术装饰品。玻璃灯具的种类及形式都非常丰富，因此为整体搭配提供了很大的选择范围。

△ 玻璃灯具

三、布艺织物

现代简约风格的布艺注重材质感，低光泽度，色彩上多以单色、同色系搭配为主。选择布艺时，要尽量减少装饰细节，图案装饰运用要恰到好处，几何及肌理图案比花样图案更为常用。此外，亚光材质比高光材质使用得多，例如选用棉、麻、毛等天然材料。即使是皮料之类的材质，也会选择反光或者光泽度低的。

由于注重简洁和材质感，现代简约风格的布艺融入感特别强，可以与任何风格的空间搭配，比如素色或细小几何纹理的布艺就是百搭款。

△ 现代简约风格的窗帘应尽量减少装饰细节，几何及肌理图案较为常用

□ 窗帘

现代简约风格空间要体现简洁、明快的特点，所以窗帘可选择纯棉、麻、丝等肌理丰富的材质，保证窗帘自然垂地。在色调选择上多选用纯色，可以考虑选择条状图案，不宜选择花型较多的图案，否则会破坏整体感觉。

□ 床品

现代简约风格的床品多以纯色为主，以白色打底的床品有种极致的简约美，以深色为底色的床品则让人觉得沉稳安静。在材料上，全棉、白织提花面料都是非常好的选择。款式多为基础款，基本不设计过于复杂的花边、流苏边等装饰细节。滚条、嵌条、绑带、木质纽扣等都可以作为边缘装饰。

△ 现代简约风格的床品多为基础款式，基本不设过于复杂的花边和流苏边等装饰细节

☐ 地毯

纯色地毯能带来一种素净淡雅的效果，通常适用于现代简约风格的空间。此外，几何、抽象图案的地毯简约而不失设计感，深受年轻居住者的喜爱，不管混搭还是搭配简约风格的家具都很合适。

△ 几何图案地毯

△ 抽象图案地毯

☐ 抱枕

抱枕是改变居室气质的点睛元素，几个漂亮的抱枕完全可以瞬间提升沙发区域的可看性。不同颜色的抱枕搭配不一样的沙发，也能呈现出不一样的美感。在现代简约空间中，选择条纹抱枕肯定不会出错，它能很好地降低纯色和样式简单的单调感。

△ 个性人脸图案抱枕

△ 几何图案抱枕

四、软装饰品

现代简约风格的软装饰品普遍采用极简的外观造型、素雅单一的色调和经济环保的材料。此外，现代简约风格空间的软装饰品一方面要注重整体线条与色彩的协调性，另一方面要考虑其功能性，要将实用性和装饰性合二为一。

□ 摆件

现代简约风格家居空间应尽量放置一些造型简洁、色彩纯度高的摆件。数量不宜太多，否则会显得过于杂乱。材质上以金属、玻璃或者瓷器为主。一些线条简单，造型独特甚至极富创意和个性的摆件都可以成为简约风格空间中的一部分。

△ 人像雕塑摆件

□ 挂件

现代简约风格的墙面多以浅色单色为主，往往显得单调而缺乏生气，因此具有很大的可装饰空间，挂件的选用成为必然。照片墙、挂钟和挂镜等装饰是最常见的。现代简约风格的挂钟外框以不锈钢居多，钟面色系纯粹，指针造型简洁大气；挂镜不但具有视觉延伸作用，可增加空间感，也散发出时尚气息；照片墙是由多个大小不一、错落有序的相框悬挂在墙面上组成的，它的出现将不仅给人以良好的视觉感，还让家居空间变得十分温馨且具有生活气息。

△ nomon 挂钟不仅是一件生活用品，更是一件艺术品

□ 花器与花艺

在现代简约风格家居空间之中很少见到烦琐的装饰，体现了当今人们极简主义的生活哲学，软装花艺也要遵循简洁大方的原则，不可过于炮烂，花器以简洁线条或几何形状的造型为佳，白绿色的花艺或纯绿植与简洁干练的空间是最佳搭配。

□ 装饰画

现代简约风格的装饰画内容选择比较灵活，抽象画、概念画以及科幻、宇宙星系等题材都可以使用。装饰画一般多以黑、白、灰三色为主，如果选择带亮黄、橘红等高饱和度色彩的装饰画则能起到点亮视觉、暖化空间的效果。

△ 几何造型花器

△ 白绿色的花艺是简约风格的最佳搭配

△ 抽象图案装饰画

MEDITERRANEAN

STYLE

6

PART
第六章

地中海风格

地中海风格起源与设计特征

一、地中海风格形成与发展背景

地中海（Mediterranean）的意思源自拉丁文，原意为地球的中心。自古以来，地中海不仅是贸易的重要中心，更是西方希腊、罗马、波斯古文明以及基督教文明的摇篮。由于地中海物产丰饶，现在居民大都是世居当地的人们，因此，孕育出丰富多样的地中海风貌。

最早的地中海风格是指沿欧洲地中海北岸一线，特别是希腊、西班牙、葡萄牙、法国、意大利等国家南部沿海地区的居民住宅，特点是红瓦白墙、干打垒的厚墙、铸铁的把手和窗栏、厚木的窗门、简朴的方形吸潮陶地砖以及众多的回廊、穿堂、过道。这些国家簇拥着地中海广阔的蔚蓝色水域，各自浓郁的地域特色深深影响着地中海风格的发展。随着地中海周边城市的发展，南欧各国开始接受地中海风格的建筑与色彩，一些设计师把这种风格延伸到了室内空间设计中。也就是从那时起，地中海风格开始形成。

△ 地中海风格富有浓郁的地中海人文风情，追求古朴自然的基调

△ 希腊地中海沿岸大面积的蓝与白，诠释着人们对蓝天白云、碧海银沙的无尽渴望

△ 在地中海的北非城市，随处可见沙漠和岩石的红褐色和土黄色

地中海风格是海洋风格室内设计的典型代表，具有自由奔放、色彩多样且明媚的特点。虽经由古希腊、罗马帝国以及奥斯曼帝国等不同时期的改变，遗留了多种民族文化的痕迹，但追求古朴自然似乎成为这种风格不变的基调。材料的选择、纹饰的描绘以及室内色彩，都呈现出对自然属性的崇尚。此外，地中海风格还带有浓郁的古希腊传统风情和现代田园气息。

地中海文明一直蒙着一层神秘的面纱，古老而遥远，宁静而深邃。无处不在的浪漫主义气息和兼容并蓄的文化品位，以及极具亲和力的田园风情，很快就被地中海以外广大区域的人群所接受。对于久居都市、习惯了喧嚣的现代都市人而言，地中海风格给人们以返璞归真的感觉，体现了人们对生活质量更高的要求。

△ 地中海风格具有古朴自然的基调

△ 相比于欧式的奢华和美式的厚重，地中海风格更显得清新自然

二、地中海风格装饰特点

地中海风格的硬装追求海风侵蚀的质感，通过擦漆做旧的处理方式，搭配贝壳、鹅卵石等，表现出身处海边自然淳朴的生活氛围。房间的空间穿透性与视觉的延伸是地中海风格的要素之一，比如大大的落地窗。空间布局上充分利用了拱形，使人在移步换景中，感受到一种延伸的通透感和更多的生活情趣。确切地说，拱形是地中海沿岸阿拉伯文化圈里的典型建筑元素，最早是伊斯兰教建筑从波斯建筑中提取而来的。地中海的拱形不同于其他风格，通常都比较粗糙，不加修饰，给人自然、淳朴的感觉。

地中海风格的装饰手法往往有着很鲜明的特征，地面可以选择纹理比较强的鹅黄仿古砖，甚至可以使用水泥自流平。地中海风格墙面的边角处，通常使用抹圆的处理手法，并追求手工的粗糙感，给人强烈的亲和力和安全感。顶面可以选择木质横梁，并且保持木头原始的质感。地中海风格的门窗也很有特色，马蹄形的门窗上搭配雕刻和铁艺，具有鲜明的个性。

△ 铁艺、仿古砖以及大地色的墙面都是地中海风格的主要特征

△ 做旧的木质吊顶保持了木头原始的质感

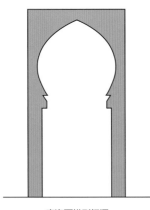

摩洛哥拱形门洞

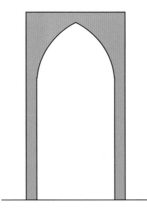

哥特拱形门洞

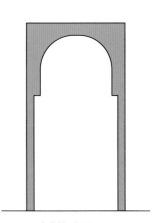

古典拱形门洞

地中海风格在软装布置上多以纯木家具为主，尽量采用低彩度、接近自然的柔和色彩，线条简洁且修边圆润，透露出地中海风格朴实的一面。窗帘、桌巾、沙发套、灯罩等布艺均以低纯度色调和棉织品为主，并常饰以素雅的小碎花、条纹、格子等图案。此外，马赛克图案也经常在地中海风格的空间中出现，如在客厅背景墙，厨房、卫浴间等空间运用马赛克瓷砖镶嵌、拼贴，并用小石子、贝类、玻璃珠等元素进行点缀。

地中海风格中常用的马赛克花纹起源于希腊，早期希腊人只会用黑色和白色马赛克进行搭配，但在当时已经算是极度奢侈的工艺，过了很长时间才发展到用更小的碎石切割，拼出新的马赛克图案。

△ 地中海风格墙面的边角处，通常使用抹圆的处理手法

△ 地中海风格的卫浴间经常出现马赛克与小石子等充满原生态质感的材料

三、地中海风格设计类型

□ 法国地中海风格

法国地中海风格是以普罗旺斯为代表的一种法式乡村风格。随处可见的花卉和绿色植物、雕刻精细的家具，整体上营造出一种普罗旺斯的田园气息。

△ 法国地中海风格

□ 希腊地中海风格

希腊地中海风格的家居空间常用大面积的蓝色与白色，整体给人以清新自然之美。常见线条自然弯曲的灰泥墙面和手工绘制的瓷砖，创造出对比强烈的视觉效果。

△ 希腊地中海风格

□ 南意大利地中海风格

意大利地中海风格一改希腊地中海风格的蓝白清凉，更钟情于阳光的味道，南意大利的向日葵花田"流淌"在阳光下，是一种别有情调的色彩组合，富有自然的美感。

△ 南意大利地中海风格

□ 西班牙地中海风格

西班牙地中海风格是基督教文化和穆斯林文化等多种文化的相互渗透和融合，色彩自然柔和，其特有的罗马柱般的装饰线简洁明快，透露出古老的文明气息。

△ 西班牙地中海风格

□ 北非地中海风格

在北非地中海风格空间中，随处可见沙漠及岩石的红褐色和黄土，搭配北非特有植物的深红色、靛蓝色，与金黄闪亮的黄铜一起散发出一种亲近土地的温暖感觉。

△ 北非地中海风格

四、地中海风格设计要素

拱形门洞

连续的拱廊、拱门、墙面圆拱镂空、马蹄形门窗是地中海风格家居空间中重要的装饰元素

砖石壁炉

地中海风格的壁炉不同于纯正的欧式壁炉，摒弃了复杂的装饰，保持古朴的外形，所有的边角均呈圆润的造型

粗糙质感墙面

粗糙的墙面是地中海风格的标志，凹凸的肌理感仿佛在诉说着地中海悠久的历史

做旧木质家具

修边浑圆的实木家具或者做旧原木家具朴实自然，富有亲和力

做旧木梁

做旧工艺的木梁是打造浪漫自然的地中海风格的主要元素之一

蒂凡尼灯具

蒂凡尼工艺灯是欧洲经典流行的传统精美灯具，可以给地中海风格空间增添复古而又纯美自然的气息

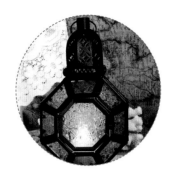

摩洛哥风油灯

古朴而又富有异域风情的风油灯与地中海的度假风相得益彰

藤编装饰品

藤编家具不仅适用于东南亚风格，也是地中海风格空间中很适用的单品，可营造慵懒的度假风

海洋元素饰品

希腊地中海风格常用海洋元素的饰品，让人感受海天一色的自然风光

摩洛哥手工地毯

有着几何或抽象图案的摩洛哥手工地毯温暖舒适，在地中海风格、北欧风格等具有自然氛围的空间中均可使用

原生态手工饰品

粗糙不做作的原生态手工艺品，营造出返璞归真的氛围

非洲元素饰品

北非地中海风格的空间中常常出现非洲元素的装饰品，例如沙漠元素饰品、面具、木雕图腾等

地中海风格配色设计法则

地中海风格的最大魅力来自其高饱和度的自然色彩组合，由于地中海地区国家众多，所以室内装饰的配色往往呈现出多种特色。

西班牙、希腊地中海风格以蓝色和白色为主，灵感来源于西班牙的蔚蓝海岸与白色沙滩，以及希腊的白色村庄，两种颜色都透露着清新自然的浪漫气息；北非地中海风格以沙漠及岩石的红褐色、土黄色等大地色为主，给人热烈的感觉，犹如阳光照射的沙漠；南意大利的向日葵、南法的薰衣草花田，金黄色、蓝紫色的花卉与绿叶相映，形成黄、蓝紫和绿别有情调的色彩组合，十分具有自然美感。无论地中海风格的配色形式如何变化，但其所呈现出来的色彩魅力是不会变的。

△ 高明度的配色方案透露出清新自然的浪漫气息

一、大地色

地中海风格空间会大量运用石头、木材、水泥以及粗糙墙面，这种充满肌理感的大地色系给人带来强烈的感官刺激，营造出一种柔和与质朴的氛围。

△ 充满肌理感的大地色是地中海风格的特点之一，并且在设计中大量运用石头、木材等自然材质

△ 北非地中海风格最常用接近自然的大地色，显得温暖而质朴

二、蓝色 + 白色

蓝色和白色的组合是比较典型的地中海风格配色方案。圣托里尼岛上的白色村庄与沙滩和碧海、蓝天连成一片。就连门框、楼梯扶手、窗户、椅子的面、椅腿都是蓝加白的配色，加上混着贝壳、细砂的墙面、鹅卵石地面、金属器皿，将蓝与白不同程度的对比与组合发挥到极致。

自然界中的蓝是一种变化万千的色彩，时而可以是远方大海中深沉的蓝，时而可以是近岸边船舶下浅浅的蓝，每一种蓝都是一种心情的幻化。浪漫的表达形式有很多种，但地中海蓝白色彩所弥漫的浪漫风情却是不可复制的。

△ 地中海颜色中的蓝色代表大海，不同深浅的蓝色分别代表不同时间段的大海

△ 蓝色加白色的搭配是希腊地中海风格最典型的色彩组合

△ 以蓝白色为基调的空间中局部加入橙色元素的点缀

地中海风格软装元素应用

一、家具

　　地中海风格的家具往往运用做旧的工艺，展现出风吹日晒后的自然美感。家具材质上一般选用原木、石材或者藤类等。此外，锻打铁艺家具也是地中海风格特征元素之一。为了延续希腊古老的人文色彩，地中海风格家具非常重视对木材的运用并保留木材的原色，同时也常见其他一些古旧的色彩，如土黄色、棕褐色、土红色等。家具的线条以柔和为主，可选择一些圆形或是椭圆形的木质家具，与整个家居环境融为一体，显得更加清新柔美。

△ 船形家具以其独特的造型让人感受到来自地中海的海洋风情

□ 藤艺家具

　　在希腊爱琴半岛地区，手工艺术十分盛行，当地人对自然的竹藤编织物非常重视，所以藤艺家具在地中海地区占有很大的比例。藤艺家具经过严格的加工处理，具有柔韧性好、透气性强、质感自然、手感清爽、舒适别致等特点。

　　藤艺家具是世界上最古老的家具之一，古代印度和菲律宾地区的人们就选用藤来制作各种各样的家具，或将藤杖切割成极薄而扁的藤条，编制成各种图案，做椅背、橱门或藤器。

△ 藤艺家具是经常出现在地中海风格空间的家具类型之一

□ 铁艺家具

铁艺家具是指以经过艺术化加工的金属制品为主要材料或局部装饰材料制作而成的家具。铁艺家具是地中海风格的特征元素之一，例如黑色或古铜色的铁艺床、铁艺茶几以及各类小圆桌等。在各类家具中，铁艺家具富有装饰性，而且最能体现复古风情，古朴的色彩、弯曲的线条和厚重的材质总能给人一种年代久远的感觉。

△ 最能体现复古风情的铁艺床是地中海风格的特征元素之一

△ 地中海风格做旧家具

□ 做旧工艺家具

地中海风格家具的特点是有被海风吹蚀后的肌理感，以及表面饱受岁月洗礼。地中海风格家具上的擦漆做旧处理工艺除了流露出古典家具的隽永质感，更能展现出家具在地中海的碧海晴天之下被海风吹蚀的自然印迹。在色彩上除了纯蓝色以外，湖蓝色也是一种不错的选择。

△ 做旧处理工艺的家具仿佛带有被海风吹蚀的自然印迹

二、灯具

地中海风格灯具常用蓝色的玻璃制作成灯罩，让人联想到阳光、海岸、蓝天。灯臂或者中柱部分常常会作擦漆做旧处理，流露出类似欧式灯具的质感，展现出被海风吹蚀的自然印迹。此外，在灯具的造型上也有很多的创新，比较有代表性的是以风扇或花朵为造型的吊灯，在灯罩上运用多种色彩或呈现多种造型。

△ 地中海风格灯具常用铁艺、麻绳等材质，体现出质朴自然的特点

□ 蒂凡尼灯具

蒂凡尼灯具是指灯罩使用彩色玻璃制作而成的灯具，且必须按照灯具的模具图案进行制造。蒂凡尼灯具的风格较为粗犷，风格与油画类似，最主要的特点是可制作不同的图案，即使不开灯也像一件艺术品。蒂凡尼灯具所用的彩色玻璃是在生产过程中加入特殊材料制成的，具有永不褪色的特点。另外，由于这种玻璃的特殊性，其透光性跟普通玻璃会有很大的差别。普通玻璃透出来的光可能会刺眼，蒂凡尼灯具的透光效果柔和而温馨，能为房间营造出独特的氛围。

△ 将蒂凡尼灯具作为镜前灯，与蓝白色的马赛克形成呼应

△ 蒂凡尼灯具

△ 蒂凡尼灯具即使在不开灯的状态下也是一件艺术品

□ 摩洛哥风灯

在北非地中海风格中，经常能看到摩洛哥元素。其中摩洛哥风灯独具异域风情，如果把其运用在室内空间中，很容易就能打造出独具特色的地中海民宿风格。除了悬挂以外，也可以选择一个小吊灯摆放在茶几上。

△ 做旧的铁艺吊灯体现出地中海风格质朴的特点

□ 铁艺灯

铁艺制品也是地中海家居空间中必不可少的角色，例如铁艺坐具、铁艺壁饰以及铁艺灯等。铁艺吊灯虽比不上欧式水晶灯那般奢华耀眼，但更符合地中海质朴、自然的装饰特点。这类灯具一般都以欧式的烛台为原型，作为地中海风格空间的主灯使用。

△ 以欧式烛台为原型的地中海风格铁艺灯

△ 做旧的铁艺吊灯体现出地中海风格质朴的特点

□ 仿古马灯

马灯是一种过去常悬挂在马背上的煤油灯，因为携带较为方便，因此常常在讲述西欧历史的电影中看到。马灯造型别致，金属的质地和透明玻璃的组合透露出一种别样的古老气息，恰好符合地中海风格的特点。在实际使用中，可以将它作为床头灯或者手电灯。

△ 仿古马灯

□ 吊扇灯

地中海风格空间中的吊扇灯是灯和吊扇的完美结合，一般以蓝色或白色为主体配色，既有装饰效果，又兼具灯和风扇的实用性。柔和的灯光加上缕缕清风，如同在空间里诉说着浪漫情怀。

△ 集使用与装饰于一体的地中海白色吊扇灯

三、布艺织物

地中海风格的家居空间中，布艺一般首选纯棉、亚麻、羊毛等纯天然织物。因为地中海风格往往带有一些田园自然气息，所以低饱和度的小碎花、条纹、格子图案的布艺是其常运用到的装饰元素。蓝色和白色是地中海最为经典的色彩之一，在地中海风格空间中搭配蓝白颜色的布艺，往往给人以蓝天碧海的视觉美感，加上洒落在房间里的阳光，让人仿佛置身于爱琴海曼妙迷人的风景之中。此外，带有海洋元素的布艺，可以给地中海风格的家居空间增添几分活泼与随性，如船、海洋、沙滩、贝壳、天空等图案都是不错的选择。

△ 条纹、格子图案的布艺是地中海风格空间经常运用到的装饰元素

△ 条纹图案的罗马帘

□ 窗帘

清新素雅是地中海风格窗帘的特点。如果窗帘的颜色过重，会让空间显得沉闷，而颜色过浅，又会影响室内的遮光。因此可选择较为温和的蓝色、浅褐色等色调，或采用两个或两个以上的单色进行撞色拼接制作窗帘。

△ 蓝白色印花窗帘

□ 床品

　　地中海风格床品通常采用天然的棉麻材质。碧海、蓝天、白沙的色调是地中海风格的三个主色，也是地中海风格床品搭配的三个重要颜色。无论条纹还是格子的图案，都能让人感觉仿佛置身于圣托里尼海边，享受着地中海清新的海风。

△ 地中海风格的床品重在营造轻松浪漫的居室氛围　　　　　　　　△ 海洋生物图案的蓝白色床品仿佛是海风铺面而来

□ 地毯

　　明媚的阳光、蔚蓝的海天就是地中海风格的典型代表元素，给人以返璞归真的感受。蓝白、土黄及红褐、蓝紫和绿色等色彩的地毯更能烘托出地中海风格轻松愉悦的氛围，材质上可以选择棉麻、椰纤、草编等。如果觉得室内的其他装饰色彩过于素雅，也可选择一张动物皮毛地毯来改变空间的氛围。

　　此外，摩洛哥地毯也经常出现在北非地中海风格的空间中。区别于伊朗地毯的深沉繁复，摩洛哥花纹地毯有着优美的几何条纹和更明快的色彩，其中以长线条和菱形花纹居多。

△ 地中海风格地毯

四、软装饰品

地中海风格的软装饰品一般以自然元素为主，有关海洋主题的各类装饰物件如帆船、冲浪板、灯塔、珊瑚、海星、鹅卵石等都可以用来装点地中海风格空间的各个角落。此外，还可以加入一些红瓦和粗窑制品，让空间散发出一种古朴自然的气息。

□ 摆件

地中海风格宜选择与海洋主题有关的摆件，如帆船模型、贝壳工艺品、木雕海鸟和鱼类等。此外，铁艺装饰品是地中海风格中经常用到的元素之一，无论铁艺花器还是铁艺烛台，都能成为地中海风格的家居空间的亮点。

△ 海洋主题的摆件饰品最适合装点地中海风格的空间

□ 挂件

地中海风格的空间的墙面上可以装饰救生圈、罗盘、船舵、钟表、相框等挂件。由于地中海地区阳光充足、湿气重、海风大，物品往往容易被侵蚀、风化，所以对饰品进行适当的做旧处理，不仅能展现出地中海的地域特征，而且有意想不到的装饰效果。

△ 由于地中海地区的气候原因，很多挂件饰品都采用做旧处理的方式

□ 花器与花艺

　　地中海风格常使用爬藤类植物装饰，小束的鲜花或者干花通常只是简单地插在陶瓷、玻璃或藤编的花器中，枯树枝也时常作为花材应用于室内装饰。此外，康乃馨在希腊及南欧海岸被称为宙斯之花，是地中海风格家居空间中不可或缺的一部分。花器一般不做精雕细琢，常见的有陶质、铁艺等简单素朴的花器。

△ 地中海风格做旧工艺的陶瓷花器

△ 藤编花器富有自然气息

□ 装饰画

　　地中海风格装饰画的内容一般以静物居多，如海岛植物、帆船、沙滩、鱼类、贝壳、海鸟以及蓝天和白云等，还有圣托里尼岛上的蓝白建筑、教堂、希腊爱琴海等图案都能给空间制造浪漫氛围。

△ 地中海风格装饰画

△ 圣托里尼岛图案的黑白装饰画充分体现出地中海风格的特征

SOUTHEAST ASIAN

STYLE

7

PART
第七章

东南亚风格

东南亚风格起源与设计特征

一、东南亚风格形成与发展背景

　　东南亚各国的民族文化到 11 世纪才发展和确立下来，西方近代文化的传入使东南亚的传统文化受到冲击，其文化发展进入一个全新的更替时期。同时，随着更多的华人迁居东南亚，中国文化扩大了对东南亚的影响。在这一历史、文化的变迁和宗教的影响下，东南亚的手工艺匠大量使用土生土长的自然原料，用编织、雕刻和漂染等具有民族特色的加工技法，创作出自己独特的装饰风格。但是因为岛屿众多，所以东南亚风格也融合了各个不同区域的人文风情，几乎囊括了越南、老挝、柬埔寨、泰国、缅甸、马来西亚、新加坡、印度尼西亚、文莱、菲律宾、东帝汶 11 个东南亚国家的所有特色。

　　早期的东南亚风格比较奢华，一般出现在酒吧、会所等公共场所，主要以装饰为主，较少考虑实用性。随着各国的交流逐渐频繁，东南亚风格家居也吸纳了西方的现代概念和亚洲的传统文化精髓，呈现出更加多元化的特色。如今的东南亚风格已成为传统工艺、现代思维、自然材料的综合体，开始倡导繁复工艺与简约造型的结合，设计中充分利用一些传统元素，如木质结构设计的元素、纱幔、烛台、藤质装饰、简洁的纹饰、富有代表性的动物图案，更符合现代人的居住习惯和审美要求。

△ 东南亚风格建筑

△ 大象雕塑

△ 佛像元素

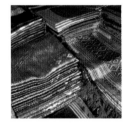
△ 色彩斑斓的绸缎

△ 浓郁的自然风情

二、东南亚风格装饰特点

　　东南亚风格受到中国文化的影响，与中式风格很相似，融入了不少佛教元素。东南亚的大多数酒店和度假村都是这种融入宗教文化元素的风格，因此，东南亚传统风格逐渐演变为休闲和奢侈的象征。现代的东南亚风格空间通常会用传统的民族饰品搭配极简主义的功能性家具，打造出一种禅意的装饰风格。

　　东南亚国家在历史上多受到西方社会的影响，而其本身又凝结着浓郁的东方文化色彩，因此所呈现出来的面貌往往具有将各种风格融为一体之妙。东南亚风格空间注重细节和软装，喜欢通过对比达到强烈的效果，因此特别适合作为一种元素混搭在居室的整体环境里，或者作为一种风格基调将其他元素统一起来。

△ 传统的民族饰品搭配极简主义的功能性家具

东南亚风格的最大特点是原始自然，色泽鲜艳，崇尚手工。在装饰时喜欢灵活地运用木材和其他天然材料，比如印度尼西亚的藤、马来西亚河道里的水草以及泰国的木皮等。

东南亚风格的吊顶设计通常呈现天然、环保的自然之美，主要采用对称木质结构的木梁。在色彩方面分为浅木色系和深木色系两种：深木色系显得沉稳，浅木色系更为清爽。但不管浅木色系还是深木色系，都只是在原木表面涂一层清漆，并没有人为地改变木质的颜色。这些材料不仅环保，而且给人一种自然古朴的视觉感受。东南亚风格的墙面大多采用石材、原木或接近天然材质的墙纸进行装饰，有时也会加入当地特色的植物造型，如芭蕉叶。

大多东南亚风格家具的样式与材质都很朴实，例如藤质家具因具有独特的透气性深受人们喜爱，并且适合当地的气候。在软装方面，东南亚风格的空间会出现很多柚木制作的雕版，图案多以大象、孔雀、佛像、骆驼、花朵、蒙面纱的美女等为主，既富有民族特色，又透露着一丝异域风情，充分展现了东方古老神秘的气息。

△ 对称木质结构的木梁

△ 善用独具当地风情的色彩和软装营造格调

三、东南亚风格设计类型

□ 泰式风格

　　泰式风格的室内装饰一般采用藤蔓、树皮等纯天然材质，使空间散发出浓郁的自然气息。金色代表着黄金，象征着财富和身份高贵，在泰式风格空间的应用也较为多见。泰式家具多是手工制作的，桌椅、配饰等以藤质、木质为主，题材一般是象、鹤或者具有宗教色彩的佛像等。在色彩上，泰式家具大都传承了传统的深色调，例如深褐色、金色、暗红色等，但是家具的线条比较简约流畅，给人一种高雅稳重的感觉。泰式风格的软装饰品多以器皿为主，除了大多运用金色以外，表面还带有民族图案和古典的图案。

△ 泰式风格

□ 印尼风格

　　印尼风格主要以巴厘岛风情为代表。室内空间多偏好肌理分明但色泽柔和的自然本色，搭配红色、绿色的点缀，与热带丛林的原色基本一致，在视觉上给人贴近自然的感觉。印尼风格的室内装饰极具个性，常用带尖角的拱门将石雕与彩绘的矮柜勾勒成一道充满异域风情的风景。印尼风格家具的首选材料是著名的印尼柚木。

△ 印尼风格

□ 菲律宾风格

　　菲律宾风格的室内装饰以深褐色与原木质地居多，所用的装饰材料多取自自然，木材、藤、竹等成为首选。菲律宾风格坚持忠于自然原则，强调实践精神。自家工作坊生产的手工布，充分体现了淳朴、清新的本色。制作家具时常用编织的藤条、竹子等自然原材料，让人倍感温馨。

△ 菲律宾风格

四、东南亚风格设计要素

自然材料应用

东南亚风格取材天然，如浮木、竹子、编织草、热带硬木、石头等

藤质或木质灯具

东南亚风格崇尚自然，灯具也大多选择藤质或木质等天然材质

手工编织或雕刻

手工编织、雕刻工艺在东南亚风格家居空间大量运用，手编篮、手编托盘、藤编椅等手工制品散发出自然的气息

特色动物元素

除了植物以外，大象、孔雀等元素在东南亚风格空间中较为常见，这两种动物在东南亚是神圣的象征，寓意吉祥、和平

木雕家具

多用柚木、檀木、杧果木等材质的木雕和木刻家具，并且多采用包铜装饰

佛教元素

佛教元素的饰品在东南亚风格中很常见，例如佛头、佛脚、佛手等

麻质地毯

在天气炎热的东南亚，一般不会使用羊毛地毯，清凉舒适的麻制地毯是首选

手工铜制品

东南亚风格注重材质的原汁原味，喜欢手工工艺，比如常见手工敲制的具有粗糙肌理的铜片，用于吊灯、摆件及家具装饰

艳丽丝绸布艺

金色、黄色、玫红等高饱和度色彩的布艺搭配是东南亚传统风格的特色

香薰摆件

香薰在东南亚风格中能营造禅意而神秘的异国氛围

白色纱幔

纱幔妩媚而飘逸，是东南亚风格空间不可或缺的装饰元素

芭蕉叶元素

芭蕉叶元素最能凸显出东南亚的热带岛屿气息

东南亚风格配色设计法则

　　东南亚风格空间中常见的有两种配色方式：一种是将各种家具包括软装饰品的颜色控制在棕色或者咖啡色系的范围内，再用白色或米黄色进行调和，整体是比较中性化的色系；另一种是采用艳丽的颜色做背景或主角色，例如青翠的绿色、鲜艳的橘色、明亮的黄色、低调的紫色等，再搭配色泽艳丽的布艺、黄铜或青铜类的饰品以及藤、木等材料的家具。

一、接近自然的色彩

　　东南亚风格崇尚自然。在色彩搭配上偏爱自然的原木色，通常以褐色和黑色系为主色调，使人有置身于热带雨林的感觉，神秘又沉稳、贵气。

△ 东南亚风格多用深色系，沉稳中透露出一丝贵气　　　　△ 深褐色具有热带雨林的自然之美

二、高饱和度色彩

传统的东南亚风格在配色上给人一种香艳甚至奢靡的感觉，如一整面桃红色丝缎覆盖的背景墙，吊顶上有大红色、粉紫色、孔雀蓝等华丽的纱幔轻垂而下，甚至还有亮橙色的床品、果绿色的桌旗等，只要钟情于这种感觉，就可以大胆用色，且不必担心太过浓重或跳跃，因为这正是东南亚风格的精彩之处。

△ 高饱和度色彩的点缀

三、民族特色图案

东南亚风格的空间中经常出现两类图案：一类是以热带风情为主的植物或动物图案，如芭蕉叶、莲花、莲叶以及大象、孔雀等，这类图案不需要大面积应用，通常出现在某一区域，同时色系和图案非常协调，往往是一个色系的图案；另一类是极具禅意风情的图案，如佛像图案，常作为点缀元素出现在家居环境中。

△ 极具禅意的佛像图案

△ 以芭蕉叶为代表的热带植物图案

东南亚风格软装元素应用

一、家具

东南亚家具在设计上逐渐融合西方的现代概念和亚洲的传统文化，通过不同的材料和色调搭配，在保留自身的特色之余，有更加丰富多彩的变化。东南亚风格崇尚自然元素，较多采用实木、棉麻、藤条、水草、海藻、木皮、麻绳以及椰子壳等材质。在制作时常用两种以上不同材料混合编织，如藤条与木片、藤条与竹条等，工艺上以纯手工打磨或编织为主，不带一丝现代工业化的痕迹，家具的表面往往只涂一层清漆作为保护。

□ 木雕家具

精致的泰国木雕家具，是东南亚风格空间中最为抢眼的部分。柚木是制作木雕家具的上好原材料，它的抛光面的颜色可以通过阳光照射氧化成金黄色。用它制成的木雕家具，自然经得起时间的考验。

△ 木雕家具

☐ 实木家具

作为自然材料的一种，实木制作的家具也是东南亚风格不能缺少的元素，基本色调为棕色以及咖啡色，通常会给人带来厚重感。完完全全的原木色泽展现出自然的柔和，手工打磨出的样式呈现出最为原始的美感。

△ 厚重质感的实木家具

△ 以中式圈椅为原型，融入东南亚风格元素的实木单椅

☐ 藤编家具

在东南亚家居空间中，也常见藤编家具的身影。藤编家具的优点是自然淳朴，色泽天然，通风透气性能好，集观赏性和实用性于一体。既符合环保要求，又典雅别致，充满情趣，并且能够营造出浓厚的文化氛围。

△ 藤编家具

二、灯具

东南亚风格灯具的颜色一般比较单一，多以深木色为主，散发出泥土与质朴的气息。为了接近自然，大多就地取材，如贝壳、椰壳、藤、枯树干等天然元素都是制作灯具的材料。很多灯具还会装点类似流苏的装饰物。

东南亚风格的灯具造型具有明显的地域民族特征，较多采用象形设计方式，如铜质的莲蓬灯、手工敲制的具有粗糙肌理的铜片吊灯、大象等动物造型的台灯等。

东南亚风格空间中的主灯一般起点缀作用，以点光源或蜡烛为主要照明，烘托氛围，增加神秘感。

△ 大象造型台灯

△ 灯具造型具有明显的地域民族特征

□ 风扇灯

由于东南亚处于热带地区，气候湿热，风扇灯也比较常见。

风扇灯既有灯具的装饰性，又有风扇的实用性，可以营造舒适休闲的氛围。只要层高不受影响，风扇灯使用起来具有较强的舒适性，可以在换季的时候起到流通空气的效果，例如树脂材质的树叶造型吊扇灯就较为常用。

△ 风扇灯兼具实用性与装饰性

□ 木皮灯

如果空间较小，想用吊灯表现东南亚风情，不妨考虑使用木皮灯。其灯罩是由很薄的一层木皮经过细致加工和处理之后，通过特殊工艺制作而成的。木皮灯比藤灯更吸引人，而且当灯光透过木皮灯罩时，隐约的灯光显得更加朦胧，极具艺术气息。但要注意的是，木皮灯的灯光较暗，需要配合其他局部照明同时使用。

△ 东南亚风格木皮灯

△ 木皮灯与大自然融为一体的颜色，很好地诠释了东南亚风格的特点

□ 藤灯

东南亚国家大多喜欢以纯天然的藤、竹、柚木为材质制作工艺品，藤灯便是东南亚风格中常见的一种藤器。其灯架以及灯罩都由藤材制成，灯光透过藤缝投射出来，斑驳流离，朦胧摇曳，美不胜收。藤灯既可实现家居照明，又是品位极高的艺术装饰品。

△ 藤灯除了具有照明功能外，也是一件家居艺术品

△ 东南亚风格藤灯

□ 竹编灯

东南亚风格的灯具注重纯手工制作，多使用自然材料。竹编灯在东南亚地区较为流行，其手工编制而成的美观造型，彻底打破了一成不变的设计。相较于用藤灯、木皮灯，竹编灯的透光度更高，不但可营造出惬意的灯光氛围，而且给人以耳目一新的视觉感。

△ 竹编灯取材自然环保，还可以为空间增添艺术气息

三、布艺织物

　　纺织工艺发达的东南亚为软装布艺提供了极其丰富的面料选择，细致柔滑的泰国丝、白色略带光感的越南麻、色彩绚丽的印尼绸缎、线条繁复的印度刺绣，这些充满异国风情的软装布艺材料，在居室内随意布置，就能起到很好的点缀作用。

　　在布艺的选择上，东南亚风格的家居空间有着严格的要求，主要体现在布料的质感、图案和色彩上。首先，布艺必须有很好的垂感，能形成自然的皱褶。其次，色彩或神秘幽幻，或娇艳欲滴，搭配也要表现出充分的想象力。最后，布艺图案常以绿色植物为主题表现出植物的局部或折枝状态，如曼妙的条纹、抽象的线条，或与民族风格有关的几何造型。

　　在选购东南亚风格的布艺时，不必刻意追求进口面料，国内一些少数民族传统工艺的布艺，如苗绣、藏丝、蜡染等，都是东南亚风格布艺织物的极佳替代品。

△ 东南亚风格布艺

□ 窗帘

　　在东南亚风格的空间中，窗帘强调垂感，其色彩一般以自然色调为主，饱和度较高的酒红色、墨绿色、土褐色等最为常见。窗帘材质以棉麻等自然材质为主，虽然款式往往粗犷自然，但拥有舒适的手感和良好的透气性。

△ 棉麻材质的窗帘

□ 地毯

　　饱含亚热带风情的东南亚风格适合选择亚麻质地的地毯，其带有一种浓浓的自然原始气息。此外，也可选用以植物纤维为原料的手工编织地毯。在地毯花色方面，一般根据空间基调选择妩媚艳丽的色彩或抽象的几何图案。

△ 充满东南亚特色的手工编织地毯表现出绚丽的自然风情

□ 泰丝抱枕

　　东南亚风格的布艺中最抢眼的装饰非绚丽的泰丝抱枕莫属。由于藤艺家具给人一种镂空感，因此搭配一些质地轻柔、色彩艳丽的泰丝抱枕，可以适当地消除这种空洞感。泰丝抱枕比一般的丝织品密度大，所以质感稍硬，更有型，不仅色彩绚丽，富有光泽，图案设计也富于变化。无论摆在沙发上或者床上，都能表现出十足的东南亚风情。

△ 泰丝抱枕

△ 色彩艳丽的泰丝抱枕是表现东南亚风情的重要元素之一

四、软装饰品

东南亚风格的纯手工饰品种类繁多，如木质大象饰品以及草编、竹质、藤编的饰品等，色泽与纹理有着人工无法达到的自然美感，具有很强的装饰效果。此外，印度尼西亚的木雕、泰国的锡器等都可以作为东南亚风格空间的装饰品，给空间增添几分神秘的色彩。东南亚风格中不可或缺的一种元素就是佛教文化元素，如将佛像、佛手、烛台、香薰等一些佛教元素的饰品运用到家居装饰中是东南亚风格的特点之一，可以让家居空间多一份禅意的宁静。

△ 佛头类的软装饰品在东南亚人心目中具有神圣的地位

△ 大象造型手工雕刻木质饰品

△ 东南亚风格木雕佛像饰品

△ 东南亚风格手工铜质饰品

□ 摆件

东南亚风格的摆件多为带有当地文化特色的纯天然材质的手工艺品，并且大多采用原始材料的颜色。如粗陶摆件、藤或麻制成的装饰盒或相框，大象、莲花、棕榈等造型的摆件，都富有禅意且充满淡淡的温馨感与自然气息。东南亚地区多数为佛教国家，佛像也就成为家中不可或缺的陈设，其在祈求平安之余，别有一番视觉美感。

△ 木雕挂件

△ 东南亚风格木质烛台

△ 木雕摆件

□ 挂件

东南亚风格空间的软装元素在精不在多，选择墙面挂件时应注意留白的意境，营造沉稳大方的空间格调。选用少量的木雕工艺饰品和铜制品点缀，便可以起到画龙点睛的作用。但由于铜容易生锈，在选用铜质挂件时要注意做好护理以防生锈。

△ 东南亚风格木雕挂件

△ 荷叶造型挂件

☐ 花器与花艺

在东南亚风格的家居环境中，绿色植物也是凸显热带风情的关键一环。芭蕉和菩提等大叶植被，是东南亚风格的一大特征元素。东南亚风格对绿植的要求是大叶显得馥郁的植被，以赏叶类植被为主。如果在装有少量水的托盘或者青石缸中洒上玫瑰花瓣，就可打造出东南亚水漂花的浪漫感。不过还需要在木雕坐榻的一角放几株有一定高度的绿色植物（类似芭蕉叶状的滴水观音就是最好的选择），这样才能表达出热带风情的真正内涵。

东南亚风格空间在花器的选择上没有太多限制，一般以灰色、白色的陶质花器居多，也可选择用粗壮的水草编织而成的花器，其有一种大拙胜大巧的粗朴之美。

△ 凸显热带风情的大叶绿植

☐ 装饰画

东南亚风格装饰画的题材往往来自以下几个方面。首先是以热带风情为主的花草图案，表现出一种华丽繁盛的气氛，但要注意画面图案应为热带花卉植物，一般具有花盘大、色彩浓艳的特点，小碎花之类的图案不适合东南亚风格。其次，选择一些具有代表性的动物图案装饰画也可以增添空间的东南亚风情，比如孔雀、大象等图案的装饰画。此外，如佛手等极具禅意哲理的宗教图案也适合作为东南亚风格的装饰。

△ 热带花卉植物装饰画

△ 大象图案装饰画

△ 佛手图案装饰画

JAPANESE

STYLE

PART
第八章

日式风格

日式风格起源与设计特征

一、日式风格形成与发展背景

日式风格又称和式风格，起源于中国的唐朝。盛唐时期由于鉴真大师东渡，将当时唐朝的文字、服饰、宗教、起居、建筑结构、文化习俗等传播到了日本。中国人的起居方式在唐代以前，盛行席地而坐，因此家具以低矮为主。日本学习并延续了中国初唐时期低床矮案的生活方式，并且一直保留到了今天，而且形成了完整独特的体系。唐代之后，中国的装饰和家具风格依然不断地传往日本。在日本极为常用的格子门窗，就是由宋代人传入的，并一直沿用至今，成为古典日式风格的显著特征之一。

在众多中式文化中，禅宗文化对日式风格的影响最为显著。禅宗文化是一种富有东方特色的哲学思想，由唐代传入日本之后，随着时间的推移逐渐和日本的本土文化结合，并最终演化为日本文化的精髓，影响到了日本民众生活的方方面面。"返璞归真、与自然和谐统一"是日式风格的核心，也表现出日本人讲究禅意，对淡泊宁静、清新脱俗生活的追求。日式风格擅长表现空间的流动与分隔，流动则为一室，分隔则分几个功能空间，空间中总能让人静静地思考，禅意无穷，就是深受禅宗文化影响才形成的。

△ 日式风格室内装饰一直保留了中国初唐时期低床矮案的生活方式

△ 由中国宋代人传入日本并沿用至今的格子门窗

除传统的日式风格以外，日式风格还呈现出现代、科技、艺术的一面。现代日式风格从 20 世纪 80 年代后期受后现代设计风潮的影响，设计上对外观非常注重，甚至到了影响功能的程度，这是日本泡沫经济时代的一个特征。20 世纪 90 年代初泡沫破裂，日本陷入萧条，设计风格又向本质回归，天然材质的使用又开始流行，出现了 Muji、Zakka 等一些时下流行的表现形式。

△ Zakka 是一种从日本风靡整个亚洲乃至全世界的设计潮流，特点是将琐碎与自然融入整体

△ 追求返璞归真、与自然和谐统一的居住生活是日式风格的核心

二、日式风格装饰特点

　　日式风格的家居空间往往呈现出简洁明快的特点，不仅能与地方的气候、风土及自然环境相融洽，而且能营造出一种不带明显标签的文化氛围。

　　日式风格一般采用较为淡雅自然的色泽。墙面常刷成米色，与原木色和谐统一，多使用米色系布艺和麻袋装饰物。天然材料如草、竹、席、木、纸、藤、石等在日式风格的空间中被大量运用，同时尽量保持原色不加修饰，极少用金属等现代化装饰材料。这种亲近自然的装饰方式展示出一种祥和的生活意境与宁静致远的生活心态。原木地运用是日式风格的一大特点，继承了传统文化对原始的推崇。原木遍布在日式家居中的每一个角落，从家具到地板，从门窗到装饰，成为日式风格另一个别具美感的象征。

　　此外，日式风格善于借用室外的自然景色为家居空间增添生机，呈现出与大自然交融的家居景象，其中室外自然景观最突出的表现为日式园林枯山水，这是禅宗美学对日本古典园林影响深刻的体现，几乎各种园林类型都有所体现。无论舟游、回游的动观园林，还是枯山水、茶庭等坐观庭院，都或多或少地体现了禅宗美学枯与寂的意境。

△ 天然材料的大量运用

△ 日式园林枯山水体现了禅宗美学枯与寂的意境

三、日式风格设计类型

□ 传统日式风格

传统的日式风格很少使用金属材质等现代装修材料，而是将自然界的材质大量运用于居室的装饰中，常见的有原木、竹、藤、麻和其他天然材料，形成朴素的自然风格。传统日式风格还常常混搭中式风格，在自然气息中增加古朴雅致的禅意。

△ 传统日式风格

□ 现代日式风格

现代日式风格秉承了一贯的自然传统，崇尚根据自然环境来设计家居空间，使居住环境紧紧追随大自然的脚步。并结合天然材料的本色肌理给人以平静、美好的感觉。现代日式家居不仅仅有老式的榻榻米、格子门窗等一些传统元素，在材料的选择上丰富多样，更让人着迷的是，其崇尚简约、自然以及秉承人体工程学的风格特点。

△ 现代日式风格

四、日式风格设计要素

天然材质

日式风格崇尚自然，多采用实木、竹、藤、麻等材质

榻榻米

日式风格典型的元素，可节省空间

浮世绘

浮世绘是日本文化中最具有代表性的艺术，最初诞生于市井艺术家之手

和风元素

鲤鱼旗、和风御守、日式招财猫、江户风铃等均可作为软装饰品

花道文化元素

在花器的选择上以简单古朴的陶器为主，其气质与日式风格自然简约的空间特点相得益彰

低矮实木家具

在传统日式风格里，很多地方特别是榻榻米上用的家具一般都比较低矮

收纳功能家具

日本崇尚断舍离精神，去除多余，讲究合理利用空间

格子门窗

传统日式风格的重要元素，现代日式风格中也会出现

无棱角弧度设计

家具棱角多采用自然圆润的弧度设计

茶道文化元素

茶具茶盘摆件在日式空间里必不可少

枯山水

常见于日式风格室外与室内空间，表现在软装设计上可以是微型盆景摆件

纯天然棉麻布艺

纯天然棉麻布艺是日式风格中主要的布艺材质，用于屏风、窗帘、地毯或家具软包等

日式风格配色设计法则

日式风格空间的配色都是来自大自然的颜色，如米色、白色、原木色、麻色、浅灰色、草绿色等这些来自大自然天然材质的本色，可打造一个柔和沉稳、朴素禅意的日式空间。此外，低对比度、高饱和度的浅粉色、浅蓝色、浅紫色等在现代日式风格空间中也较为常见。

黑的沉稳和红的艳丽相互辉映，形成强烈的视觉冲击。日本传统的建筑，漆器大多数这种配色，是最传统也是流传最为广泛的日本颜色。追根溯源，其实是古代日本漆工艺只有黑色或红色，广泛用于盔甲、餐具、建筑上，所以黑红色成为当时的流行色，流传多代，也成为日本历史上最具代表性的配色。

△ 日本黑红色漆器

一、原木色 + 白色

木色与白色是日式风格空间中不可或缺的色彩，原木与本白两种色彩，随意地搭配就能让木色变得更为清新自然，白色变得更为明亮温暖。白色与原木色的搭配可以让日式风格的空间显得清新整洁并且充满自然气息。

△ 原木色 + 白色

二、原木色 + 米色

日式风格空间的墙面多以米色为主，与原木色和谐统一，软装上经常搭配米色系布艺。这种自然色彩的介入，能够让人感觉安详和镇定，以更好的静思和反省，这与当时日本禅宗文化的兴起不无关系。

△ 原木色 + 米色

三、原木色 + 草绿色

来自大自然柔和的草绿色调，与原木色是非常契合的搭配，再加上低调而简约的造型，与现代忙碌的都市人所追求的悠然自得、闲适的心态相得益彰。置身这样的空间，即便身居闹市，也有远离喧嚣、回归自然的感受。

△ 原木色 + 草绿色

四、蓝色 + 白色

蓝色、白色是日本最为典型的"百姓色"。蓝色、白色的搭配来源于日本早期的工艺限制，当时的染织工艺都是使用天然的植物染料给纺织品上色，虽然植物也能染出五彩缤纷的颜色，但是最普遍的就是靛青蓝。其优点是价格低廉、颜色鲜艳，而且保持时间长，因此在当时一度成为平民百姓和武士阶层最为追崇的配色。再加上日本四面临海，对大海的崇拜也加深了日本人民对蓝白配色的喜爱，一般在传统日式风格中运用较多。此外，蓝色也是浮世绘最常用的颜色。

△ 蓝色 + 白色

日式风格软装元素应用

一、家具

日式风格的家具一般比较低矮，而且偏爱使用木质，如榉木、水曲柳等。家具的造型设计尽量简洁，既没有多余的装饰与棱角，又能够在简约的基础上创造出和谐自然的美。日式家具另一个鲜明的特征是对木材的利用——对木材的截取十分重视木纹的自然美。一般来说，制作完成的家具表面能够看得见木纹或者完全不加处理的纯木。此外，注重收纳功能也是日式家具的一大特色。

传统日式家具的形式，与中国古代文化有着很深的渊源。现代日本家具则完全是受欧美简约风格熏陶的结果。现代日式家具把东方的神韵和西方的功用性、有机造型相结合。形体上多为直角、直线型设计，线条流畅。制作工艺精致，使用材料考究，多使用内凹的方法把拉手隐藏起来。家具在色彩的采用上多为原木色，旨在体现材质最原始、最自然的形态。提起日式风格，人们立即想到的就是榻榻米，以及日本人相对跪坐的生活方式，这些典型的日式风格特征，都给人以非常深刻的印象。

△ 表面呈现木纹自然之美的家具

日式风格的客厅、餐厅等公共空间一般使用沙发、椅子等现代家具，卧室等私密空间则使用榻榻米、杉板、糊纸格子拉门等传统家具。"和洋并用"的生活方式为绝大多数人所接受，而全西式和全和式都很少见。

△ 现代日式家具

△ 传统日式家具

MUJI（无印良品）是始于日本的品牌。现代人所提及的日式简约风，在 MUJI 中全部表现了出来——设计简洁、高冷文艺、禁欲主义。MUJI 风的颜色相对单一，空间中随处可见原木家具，装饰品较少，更注重物品的功能性与空间的收纳。

△ 毛线编织豆沙包

随着喜爱日式风格的年轻人越来越多，MUJI 已经不再是一个家居品牌，而成为一种生活方式。MUJI 崇尚的理念是不要多余的奢华，回归本质，家居物品不追求太多的外在，例如，MUJI 风的豆沙包，不管毛线编织或者纯棉材质，随意安放随时躺，简直是完美自由变形的沙发。

□ 榻榻米

榻榻米最早出现在日本奈良时代，当时的榻榻米较薄，而且是可移动式的，被拿来当作坐垫及床铺。后来发展成为贵族使用的家具，一直到江户时代才在平民中普及。榻榻米由三个部分组成。叠表为榻榻米的表面，叠床为中间填充层，叠缘是指榻榻米的边缘。榻榻米的使用范围非常广泛，不但可以用来作为装饰房间的铺地材料，还可以作为床垫，同时也是练习柔道、击剑等体育项目的最佳垫具。

△ 日式榻榻米用蔺草编织，充满了雅致与古朴的特色

障子门是和室设计中常见的推拉门，又称格子门，是和室榻榻米装饰中具有代表性的室内装饰元素。障子门窗是日式家居的重要构成部分，与榻榻米椰棕席垫、浮世绘夜柜有着同等的地位。障子门的款式非常多，有经典的扇形、复古的回字形、简约的横竖条。

△ 障子门

□ 茶桌

日式风格的茶桌以其清新自然、简洁淡雅的特点，形成了独特的茶道禅宗气质。搭配一张极富禅意的茶桌，可以在日式风格的空间里营造出饱含诗意、闲情逸致的生活境界。传统日式禅意茶桌的桌脚一般都比较短，整体显得比较低矮，简约复古，桌面上往往会配备齐全精美的茶具。

△ 日式风格茶桌

日本茶道起源于中国，中国唐宋时期盛行饮茶，这时，日本派许多留学生到中国求学，其中较有名的是最澄、空海、荣西等僧人，他们把中国种茶、制茶、烹茶技术引入日本，使日本饮茶习惯推广到民间，后来形成"茶道"。在日本茶道将日常生活行为与宗教、哲学、伦理和美学熔为一炉，成为一门综合性的文化艺术活动。

日本人品茶很讲究场所，一般均在茶室中进行。茶室的入口高、宽均只有约 70cm，客人必须匍匐爬行才能进去。在日本茶人看来，茶室是一处超脱凡俗的清净世界，必须用这样一道窄门把它和尘寰隔开。茶席是用芦草编成，面积约 9~10m²，小巧雅致，结构紧凑。室内设置壁龛、地炉，小小的茶室非常便于宾主倾心交谈。宾客多席地跪坐，故而茶桌不必太高，有些茶席上甚至没有茶桌。

△ 日本茶道文化

二、灯具

日式灯具的样式遵循日式风格一贯的朴素实用的原则，材料选择上也特别注重自然质感，比如原木、麻、纸、藤编、竹子等材质被普遍应用。

传统风格的灯具在材质及外形的设计上和传统中式灯具有着异曲同工之处。所以在打造传统日式风格的空间时，一些造型较为简洁、体量轻巧、颜色朴素的中式灯具也可以混搭进来。比如藤编灯、灯笼灯禅意韵味十足，都是不错的选择。日式现代风格简约自然的气质又和北欧风有很多相似之处，特别是 MUJI 风的新日式空间中，搭配一些造型简洁而颜色丰富并且有设计感的北欧灯具，会给空间营造轻松自在的氛围。

□ 纸灯

纸灯是日本早期非常具有代表性的灯具。日式纸灯受到了中国古代儒家以及禅道文化的影响，传承了中国古代纸灯的文化美学理念，并且融入了日本的本土文化，逐渐演变而来。在日本文化中，明和善是神道哲学的重要内容，这时期的纸灯更加体现出对这一文化的尊重。日式纸灯主要用纸、竹子、布等材料制作而成。纸灯的形状、颜色以及繁与简之间的变化体系都与中式纸灯有着很大的区别。

△ 在材质和造型上经过创新变异的现代日式灯具

△ 纸灯

□ 日式石灯

日式石灯早期作为日本古典庭院的装饰灯具，因具有古典优雅的气质，被逐渐引入到家居设计中。日式石灯的基本构造为基础、灯柱、中坐、火袋、灯顶、宝珠，一般在灯柱的两端和宝珠的下部雕刻着莲花纹案。在日式风格中，石灯的灯光有着非常独特的装饰作用，它给予空间白昼和黑夜光与景的融合，不仅可以为空间提供辅助照明，还增添了古朴而优雅的气质。

△ 日式石灯笼最早应用于日本古典庭院的设计中，是日式庭院照明的代表

□ 自然材质灯具

日式家居常以自然材质贯穿于整个空间的装饰设计中，在灯具上也是如此，木质、藤质的灯具可以让空间更显清雅。这类材质的灯具保持着自然材质的原有色泽，没有过多的雕琢和修饰，自然淡雅是其主要特点。

△ 木质灯

△ 竹艺灯

三、布艺织物

日式风格的布艺无论制作技艺还是其所蕴含的文化意象，都与中国传统的布艺文化有着紧密的关联。比如日本和服的发展可以说直接借鉴了中国的刺绣和印染技艺。日式风格自身具有美态，布艺也秉承着日式传统美学对自然的推崇，彰显原始素材的本来面目，摒弃奢侈华丽，以淡雅节制、含蓄深邃的禅意为境界，所以天然的棉麻材质是最好的选择。

□ 窗帘

日式风格的窗帘一般较为朴素，并不在空间中做过多地强调，样式也以简洁利落为主，通常没有帘头的设计。日式窗帘大多选择带有简约气质的纯棉布材质和清新自然的色彩，常用的色彩有淡绿色、淡黄色、浅咖色等。

△ 天然的棉麻材质最能表现日式美学对自然的推崇

△ 日式风格窗帘的样式简洁利落，极具简约气质

□ 和风门帘

一般在传统日式风格的餐厅中常常会看到各种图案古朴的门帘，最早叫作"暖帘"，大约是日本室町初期由中国传入的。起初，禅院里的僧人、山村里的农民、海岸边的渔夫或小镇上的商贩，习惯在门口悬挂一块布帘子，或自编的草席子用来遮挡风尘，称之为"垂席"或"垂莚"。现在保留下来的主要作为装饰和宣传，常见的开启方式有对开式、一体式和多开式。挂上这样一幅帘子，日式传统的和风味道便扑面而来。门帘的图案也有很多种，都是一些常见的吉祥图案，如海浪、浮世绘、樱花、仙鹤为题裁的图案。

△ 和风门帘上通常带有仙鹤等日式传统吉祥图案

△ 早期的和风门帘用来遮挡风尘，现代日式风格中主要用作装饰和宣传

□ 床品

纯棉材质的床品是打造日式风格的不二选择，特别是天竺棉，它质地柔软，具有良好的透气性和延展性，面料触感无比柔软，犹如贴身衣物，贴近自然。日式简约风格的床品一般有 AB 面设计，简约时尚，随心而换，符合现代人的生活品质要求。

△ 低彩度的格纹棉麻床品

四、软装饰品

日式风格往往会将自然界的材质大量运用于家居空间中，以此表达出对大自然的热爱与追崇，因此，软装饰品不推崇豪华、奢侈，而以清新淡雅为主。日式风格的软装饰品以简约的线条、素净的颜色、精致的工艺而独树一帜，并因简约之中蕴含着禅意而耐人寻味。

△ 日式风格软装饰品的主要特点是线条简洁，做工精致

△ 源自日本传统文化的仕女人物摆件

□ 枯山水摆件

枯山水即无池无水的庭园。砂石铺地，耙出条纹，表现大海、湖池、河川的流动；砂石地间放置岩石，表现为山。传说，在日本，寺院里的和尚都是将枯山水作为冥想的辅助工具，以静止不变的元素，营造宁静的氛围，在创造过程中感悟融天地的禅意。

枯山水在日式风格的室内软装中经常以微型景观的形式出现，不管放在书房、客厅或是办公室都非常有意境，既可以观赏又可以随手把玩，借助白沙和景观石，创造观者心中的景致，让其感受大自然的广阔。

△ 微型景观形式的枯山水

浮世绘

浮世绘即日本的风俗画，是起源于日本江广时代的一种独特的民族绘画艺术。它主要描绘人们日常生活、风景和演剧，以美人画、春画、役者绘、名所绘和武者绘为主要题材，浮世绘在西方甚至被作为整个日本绘画的代名词。19世纪，欧洲从古典主义到印象主义的大师无不受到此种画风的启发（包括梵高、莫奈、高更、毕加索等），因此，其具有很高的艺术价值。

△ 浮世绘在现代日式风格空间中的创新应用

现代日式风格空间中经常会植入一些复古元素，浮世绘的家居单品就是不错的选择。比如，选择一两个浮世绘仕女图的抱枕作为沙发的点缀，或者搭配几幅浮世绘挂画作为墙面装饰，为现代空间融入浓郁的和风古韵。

△ 浮世绘起源于日本江户时代，是一种独特的民族绘画艺术

△ 现代日式风格空间的浮世绘装饰画

侘寂美学瓷器

提到日式风格，就不得不提侘寂之美。侘寂美学，简单解释就是，日式美学所追求的黯然之美，侘寂的美学意识就是黯然、枯寂，也就是无法圆满具足，退而求其次地以粗糙、哀美之姿传达其意识。所以，日本的瓷器茶具等器物的设计，以雾面的表现处理取代亮面，以手工的手渍取代人工的光滑，以裸露的处理过程取代完美的精密缝制。

日本的手感文化脉络始终离不开自然素材，甚至是浸润于自然而展现的谦怀气度。因为运用手工所制作出来的器物，在一段时间内，工匠的手渍会融于表面，再经由使用者的触摸与把玩，其甚至可呈现出与工匠出品前不同的质地变化，增加了使用者的情感依恋。

△ 日式风格侘寂美学瓷器

□ 花器与花艺

日本花艺最早来源于中国隋朝时代的佛堂供花，传到日本后，被当地的新兴花道流派所吸收和详细地研究。最终根据样式和技法的不同派生出各种流派，最具有代表性的是池坊、小原流和草月流三大流派。

日式花艺以花材用量少、选材简洁为特点。虽然花艺造型简单，但表现出无穷的魅力。就像中国的水墨画一样，能用寥寥数笔勾勒出精髓。花器以简单古朴的陶器为主，其气质与日式风格自然简约的空间特点相得益彰。

日式花艺与欧美花艺的风格不同，且在世界插花界中占有一席之地。不论日本插花、中国插花，皆属东方插花的范畴。都以简洁的线条变化为主，并善于将人的思想融入花艺之中，展现出东方人细腻、富有内涵的特点。

△ 日式插花和中式传统插花一样，都以线条为主，讲究意境，崇尚自然

AMERICAN

STYLE

PART
第九章

美式风格

美式风格起源与设计特征

一、美式风格形成与发展背景

美式风格，顾名思义，是来自美国的装饰风格，是殖民地风格中代表风格，某种意义上已经成了殖民地风格的代名词。同时，美国也是一个新移民国家，将来自全球各地的民族文化融为一体，孕育出兼容并蓄的美式风格。因此，美式风格又称联邦式风格。最早的美国原住民是印第安人，他们过着刀耕火种的生活，直至受到多个民族的入侵，印第安文化与各民族文化交融，最终成就了美国的独特文化。

同样，美式室内装饰风格也深受多种民族生活方式的影响，所以在很多美式家居中都能看到欧洲文化的历史缩影。此外，由于近年来美国人对东方文化呈现出越来越浓厚的兴趣，因此在美式风格家居空间中或多或少会出现如中式、日式、东南亚等装饰风格的元素。

△ 象征美国精神文化的自由女神像

△ 表达美国文化概念的图腾

美国人非常崇尚自由，追求随性、无拘无束的生活方式。由于美国文化强调个人价值、追求民主自由、崇尚开拓和竞争，因此，在家居装饰设计上讲求随性、理性和实用性，不会出现太多造作的修饰与约束，美式风格家居空间往往弥漫着一种闲适的浪漫风情。同时又不乏自然、怀旧、贵气的空间特点。美式风格中经常会出现一些表达美国文化概念的图腾，比如鹰、狮子、大象、大马哈鱼、莨苕叶等，还有一些反映印第安文化的独具个性的图腾。

△ 美国国鸟白头海雕图腾

二、美式风格装饰特点

美式风格传承了美国的独立精神，注重通过生活经历的累积，以及对品位的追求，从中获得家居装饰艺术的启发，并且摸索出独一无二的空间美学。比如，美国影视作品里的家居空间，有放在角落里的家人照片，有不舍得放弃的阳台小花园，有充满全家笑声的开放式厨房，有让人去除疲倦的明亮的卧室。美式风格不仅仅是一种家居装饰风格，更像是一种生活态度。美式家居常常呈现出温馨的居住氛围。因为美国人认为房子是用来住的，不是用来欣赏的，要让住在其中或偶尔来往的人都倍感温暖，这正是美式风格家居的真正设计精髓。

美式风格在摒弃巴洛克风格和洛可可风格的繁复和浮华的基础上，建立起一种对古典文化的重新认识。它虽然包含欧式古典家居的风韵，但少了皇室般的奢华，更注重实用性，集功能性与装饰性于一身。

△ 美式风格的设计在注重实用性的同时，通常显得十分随性

△ 大量木质材料的运用和宽大舒适的家具是美式风格的最大特征

△ 美式开放式厨房可以拉近家人之间的距离，在任何时候都可以进行亲密的交流互动

美式空间经常出现至少两个层次的吊顶，在阴角处使用素面石膏线走边，增强层次效果。这样可以拉高空间的纵深感，使空间显得宽大舒适。如果有大梁，通常借鉴地中海风格的一些处理手法，把低矮的大梁做成圆拱或者椭圆拱的形式。有时为了在空间中表现出尊崇自然的设计特点，会在吊顶中设计大量的木饰面板，甚至铺满整个吊顶。

在装饰材料上，美式风格常使用实木，特点是稳固扎实，长久耐用，例如北美橡木、樱桃木等。护墙板是美式风格家居空间最为常见的墙面装饰材质，一般以深棕色为主，展现出自然怀旧的空间特征。此外，壁炉是美式风格家居空间中必不可少的元素。古老的美式风格壁炉设计得非常大气，复杂的雕刻突显出美式风格的特色。发展到今天，美式风格壁炉设计变得简单美观，简化了线条和雕刻。以自然风格为主的空间，可以用红砖或粗犷的石材砌成壁炉，形式上分为整面墙做满和做单一壁炉台两种方式。

沙发造型多采用包围式结构，注重使用的舒适感。一些家具腿的处理，借鉴了巴洛克风格和洛可可风格，多采用兽腿形式或者弯曲造型等。美式风格的床头、柜子顶部、沙发上沿常常使用一些简化的卷草纹造型，营造一种温馨的家居氛围。

△ 原木色吊顶表现出尊崇自然的设计特点

△ 除了具有取暖的实际功能以外，还是传统美式文化的延续

三、美式风格设计类型

□ 美式古典风格

美式古典风格源于欧洲，它舍弃了多余的装饰和浮华，在对古典风格深入理解的基础上，注入了美式风格特有的设计元素，从而形成自己的风格特色。强调简洁、明晰的线条和优雅、得体的装饰。美式古典风格在材质及色调的运用上都呈现出粗犷、做旧的质感和年代感，具有温馨的古典气质。

美式古典风格的家具在结构、雕饰和色调上往往显得细腻高贵，不仅耐人寻味，而且透露着亘古久远的芬芳。家具一般以单色为主，在强调实用性的同时非常重视装饰，常用镶嵌或者浅浮雕等形式为家具搭配各种装饰图案，比如风铃草、麦束和瓮形图案。此外，还会运用一些象征爱国主义的图案，如鹰形图案等。在家具材质的选择上，一般采用胡桃木和枫木。为了凸出木质本身的特点，会使用复杂的薄片贴面处理，使纹理本身成为一种装饰。

△ 美式古典风格以深色为主，具有厚重、怀旧、贵气的特点

□ 美式乡村风格

美式乡村风格是通过美国乡村居住方式演变而来的一种家居装饰形式，它在传统与严谨中带有一丝自然随意的感觉，并且兼具古典主义的优美造型与美式风格的功能配备。原木、藤编与铸铁材质都是美式乡村风格空间中常见的素材，经常用于空间硬装、家具用材或灯具上。摇椅、野花盆栽、小碎花布、小麦草、水果、瓷盘以及铁艺制品等都是美式乡村风格空间中常用的软装饰品。

美式乡村风格的家具以殖民时期为代表，休积庞大、质地厚重，彻底地将早期欧洲皇室贵族的家具平民化，气派而且实用。家具的材质以松木、枫木、桃花心木以及樱桃木为主，线条简单，没有过多的雕饰，保有木材原始的纹理和质感。有的甚至会刻意添上仿古的疤痕和虫蛀的痕迹，创造出一种自然古朴、原始粗犷的质感。

△ 美式乡村风格多用质感粗犷的材料表现乡村的自然舒适感

□ 现代美式风格

现代美式风格摈弃了传统美式风格厚重、怀旧、贵气的特点，空间色彩更加丰富，同时也更加年轻化，在家具的选择上更有包容性。现代美式风格的空间线条往往会设计得简洁明快，并且善用弯腿式家具、白色的门窗等元素去装饰空间，呈现出一种现代而优雅的独特魅力。现代美式风格空间在墙面颜色上经常选用米色系作为主色，并搭配白色的墙裙形成一种层次感。即使是白色空间也会在冷调的白漆中，多少带点灰色，让人感觉到温暖而舒适。

现代美式风格的家具具有舒适、线条简洁与质感兼备的特色，造型方面多吸取了法式和意式风格中优雅浪漫的设计元素，有时也会融入带有自然气息的家具，或者经过古典线条改良的家具，多以布艺家具为主，以皮质家具为铺。

△ 美式现代风格将繁复的线条和造型进行改良，既表达美式风格家居空间自由休闲的特点，也为家居环境带来现代而时尚的感觉

四、美式风格设计要素

壁炉

壁炉是美式风格的标志性符号，除了提供取暖的实际功能以外，还是传统美式文化的延续

实木地板

美式风格讲求自然、原生态，摒弃了过多的烦琐与奢华，选择结实耐用的实木地板，充分显现出朴实的风味

护墙板

美式装修通常使用护墙板和墙裙来装饰墙面。这样的处理手法不仅装饰效果很强，还能很好地保护墙面

复古吊灯

美式风格灯具大多以复古粗犷的气质为主，如仿古铁艺、铜质吊灯、蜡烛灯、麻绳灯、吊扇灯等

印第安文化元素

印第安人是最早的美国原住民，受到入侵后，印第安文化与各民族文化相交融，最终成就了美国的独特文化

宽大型沙发

美式风格家具多选用体量大的家具，以显示自由奔放的气质，沙发上可多摆放一些抱枕

温莎椅、摇椅

温莎椅以其独特的优美形式，展现出美式风格的设计理念、自信的姿态和精湛的工艺技术

大量装饰画

美式风格挂画没什么固定的章法，注重体现空间自由、随意的生活气息，多用实木画框，以组合画形式出现

厚重的实木家具

美式家具给人直观的第一印象是体积大、厚重，注重舒适性与实用性

装饰挂盘

装饰挂盘是美式风格的经典装饰品，颜色丰富的手绘盘子配上自然生动的题材，无论挂在壁橱上还是玄关上都是一道亮丽的风景线

仿古怀旧艺术摆件

美式乡村风格摆件追求自然朴实，表达的是一种劳动者的自由、勤奋和开拓进取的浪漫主义自然情怀

大量绿植花卉

美式风格崇尚自然纯朴的氛围，绿植花卉必不可少，可随意自由地摆放

美式风格配色设计法则

在美式风格中，很难看到透明度比较高的色彩。不管是浅色还是暗色，都不会给人视觉上的冲击感。总体来说，美式风格追求自然的颜色。美式古典风格主色调一般以黑、暗红、褐色等深色为主，整体颜色更显怀旧复古、稳重优雅，尽显古典之美；美式乡村风格常以自然色调为主，绿色或者土褐色是最常见的色彩；现代美式风格的色彩搭配一般以浅色系为主，如大面积使用白色和木色，营造出一种自然闲适的生活环境。

一、大地色

大地色指的是棕色、米色、卡其色这些大自然的颜色，它们往往给人亲切舒适的感觉。美式风格追求一种自由随意、简洁怀旧的氛围，所以色彩搭配上喜用自然质朴的颜色，常以暗棕色、灰褐色、土黄色为主色系。

△ 以接近自然感的大地色为主色调，追求一种自由随意、简洁怀旧的氛围

二、原木色

原木即没有经过复杂加工的木质材料，只经过简单上色或者保持原貌的简单加工。原木色就像大自然的保护色，让人仿佛同归大自然的怀抱，呼吸着最新鲜的空气。美式风格中的原木色一般选用胡桃木色或枫木色，不仅保有木材原始的纹理和质感，还刻意增添做旧的瘢痕和虫蛀的痕迹，营造出一种古朴的质感，体现出原始粗犷的美感。

三、绿色系

绿色系在所有的色彩中，被认为是人自然本身的色彩。绿色与白色搭配，既干净明亮，又淡雅得富有格调。美式乡村风格非常重视生活的自然舒适性，充分显现出乡村的朴实风味，所以在色彩搭配上多以自然色调为主，散发着质朴气息的绿色是常用的色彩。无论用于墙面装饰，还是布艺软装上，都能将自然的情怀表现得淋漓尽致。

△ 大量的原木色材料表现出美式乡村家居空间原始粗犷的美感

△ 带点灰度的绿色抒发出自然质朴的情怀

美式风格软装元素应用

一、家具

虽然美国人不热衷于几代人居住在一起，但每逢感恩节、圣诞节等重大节日，往往都会和亲友及家人在一起度过，因此在规划时，会考虑家具的尺寸和数量能否满足使用需求，并且讲究家具的舒适实用和大方美观。

传统的美式家具为了顺应美式居家空间大与讲究舒适的特点，大多给人粗犷的感觉。皮质沙发、四柱床等都是经常用到的美式家具，不仅尺寸比较大，而且实用性非常强。色彩上以深色凸显出优雅的气质，同时还可以适当地使用雕刻做旧的工艺手法，凸显出美式古典风格复古唯美的感觉。

现代美式家具的造型是经过改良的，符合实际的使用需求。家具油漆以单一色为主，制作材料以木质居多，并且偏爱树木在生长期中产生的特殊纹理，强调木质自身的纹理美。因此不适合大面积使用雕刻，一般仅在家具的边脚、腿部等处做小幅度雕饰作为点缀。

△ 传统美式家具

△ 现代美式家具

温莎椅源于 18 世纪初的英国，至今在美国仍然流行，其是一种主要由旋术构件组成的实木椅子，是美式乡村风格标志性的家具之一。温莎椅整体由全实木制成，椅背、拉档、椅腿等部件采用纤细的木杆旋切成型，其结构简单，坐起来十分舒适。由于椅背和座面根据人体工程学设计，因此增加了舒适感。根据造型上的差异可将温莎椅分为低背温莎椅、梳背温莎椅，扇背温莎椅、圈背温莎椅、弓背温莎椅、杆背温莎椅等多种。

△ 温莎椅是美式乡村风格标志性的家具之一

□ 做旧家具

早期，美国人向西部迁徙时，用马车搬运的家具很容易碰伤，常留下磕碰的痕迹。而今不会再有那样的迁徙，但怀旧情结导致美国人喜欢在家具表面进行做旧。在原本光鲜的家具表面，故意留下刀刻点凿的痕迹，给人用过多年的感觉。涂抹的油漆也多为暗淡的亚光色，排斥亮面，同样源于觉得家具显得越旧越好。

做旧的美式家具只是一种形式，并不是做工不好。做旧的家具每一处都会透漏出家具的沧桑，体现出家具的历史感，并且每一处做旧的手法都是精心策划的，不会给人不和谐的感觉。

△ 四柱床

△ 美式殖民地时期做旧实木长椅

△ 美式殖民地时期做旧实木长箱

□ 厚重实木家具

美式风格的空间中，往往会使用大量让人感觉笨重且颜色深的实木家具，风格偏向古典欧式，主要由桃花木、枫木、松木以及樱桃木制作而成。家具表面通常特意保留成长过程中的树瘤与蛀孔，并以手工作旧制造出岁月的痕迹。

△ 厚重的实木家具

颜色丰富、造型别致的多斗柜是体现美式家居功能性和舒适性的不二选择，桌面上可放置书籍、花器、摆件等作为装饰，使空间更显温馨。美式多斗柜不必做得精致，甚至些许瑕疵都是允许的，如做旧的柜体表面、斑驳的漆面等，恰好体现了美式风格的粗犷和淳朴。

□ 铆钉工艺家具

铆钉最早起源于"二战"时期的美国，后为摇滚乐所吸纳，并在朋克和后朋克摇滚时期风靡世界。皮革与铆钉这种粗犷又不失细节的结合应用于家具上，能使家居空间会呈现出别具一格的视觉美感，其常运用在沙发上。美式布艺家具中也少不了铆钉的装饰，天然的仿粗麻布，纹理清晰，自然气息浓郁，边部的铆钉设置可避免纯色布艺的单调感。

△ 多斗柜

△ 铆钉家具

二、灯具

美式风格灯具虽然注重古典情怀，并且是在吸收了欧式风格精华的基础上演变而来的，但造型相对简约，更崇尚自然。灯具材料一般选择陶瓷、铁艺、铜、水晶等，常以古铜色、黑色铸铁和铜质为构架。

△ 铜艺壁灯

□ 铜艺灯

铜艺灯是指以铜为主要材料的灯具，包含紫铜和黄铜两种材质。铜艺灯之所以流行主要是因为其具有质感、美观的特点，而且一盏优质的铜艺灯是具有收藏价值的。美式铜艺灯以枝形灯、单锅灯等简洁明快的造型为主，质感上注重怀旧，灯具的整体色彩、形状和细节装饰无不体现出历史的沧桑感。一盏手工作旧的油漆铜艺灯，是美式风格的完美载体。

△ 铜艺吊灯

□ 铁艺灯

铁艺灯在美式风格中的运用也十分普遍。铁艺灯的主体由铁和树脂两个部分组成，铁质的骨架能使它的稳定性更好，树脂能使它的造型塑造得更多样化，还能起到防腐蚀、防触电的作用。有些铁艺灯采用做旧的工艺，给人一种经过岁月洗刷的沧桑感，与同样没有经过雕琢的原木家具及仿古手工摆件搭配效果更好。

△ 做旧的铁艺吊灯体现美式风格回归自然的特点

□ 鹿角灯

鹿角灯起源于 15 世纪的美国西部，多用树脂制作成鹿角的形状，在不规则中形成巧妙的对称，为居室带来极具野性的美感。一盏做工精美、年代久远的鹿角灯，既有美国乡村自然淳朴的质感，又充满异域风情，是居家生活中难得的藏品。

□ 陶瓷灯

陶瓷灯的外观非常精美，目前常见的陶瓷灯大多是台灯的款式。因为其他类型的灯具做工比较复杂，不能使用瓷器。美式风格陶瓷灯的灯座表面常采用做旧工艺，整体优雅而自然，与美式家具相得益彰。

△ 起源于美国西部的鹿角灯给室内带来极具野性的美感

△ 美式风格陶瓷灯

197

三、布艺织物

美式古典风格的布艺材料选用高品质的绵绸、流苏，具有东方色彩的波斯地毯或带有印度图案的区块地毯，可为空间增添软调的舒适氛围。美式乡村风格的布艺以本色棉麻或者印花面料为主，纹样多采用人们喜爱的花卉题材和亮丽的异域风情图案，鲜活的昆虫、鱼鸟图案也备受推崇。此外，红白或蓝白色彩相间的细方格图案也经常出现在美式乡村风格的布艺上。值得一提的是，美式风格的床品非常强调舒适感与温馨感，床上层层叠叠的靠枕、抱枕、主枕头，加上被子、毯子、床罩等厚厚的织物，让人感觉特别温暖。

美式风格的软装布艺材质主要为各式平绒、织绒、大提花织物、棉帆布、皮料等。材质的选用有两个方向：一是带有亚光、有洗水或做旧效果的材质，这类材质斑驳怀旧、沉稳大气；二是有一定光泽的材质，一般作为主体的点缀，也有直接大面积使用的，例如在床品上，将聚酯类缎面材质作为被套或床盖的正面，背面则用棉麻材质。

△ 美式风格布艺搭配方案

□ 窗帘

美式风格的窗帘强调耐用性与实用性，选材十分广泛，印花布、纯棉布以及手工纺织的麻织物，都是很好的选择，与其他原木家具搭配，装饰效果更为突出。窗帘可选择土褐色、酒红色、墨绿色、深蓝色等浓而不艳、自然粗犷的色彩。

传统美式风格的窗帘一般选用颜色沉稳、垂感好、厚实的面料，各种丝绒面料、提花面料和印花面料都很受欢迎。几何花纹的纯棉窗帘具有田园的自然气息，是美式乡村图格空间中最常见的一种元素。其他窗帘纹饰元素还有雄鹰、交叉的双剑、星、麦穗等图案。大气的纯色系窗帘，适合简单随性的美式风格。

△ 绿白格纹图案窗帘

△ 碎花图案窗帘

美式风格的窗帘一般都不使用帘头，一般都以穿通款的帘身搭配各式明杆，这与欧式风格窗帘的区别很大。这种窗帘的处理简洁明了，挂穗、掀帘带及五金配件成为主要的装饰，起点睛作用。

△ 与室内整体色彩搭配和谐的窗帘营造出清新自然的氛围

□ 床品

拼花与贴花被子是美国传统床品中的重要部分，不仅可作为床罩或者被子，也经常搭在沙发或者扶手椅上用来保暖。美式风格床品的色调一般采用稳重的褐色，或者深红色，材质，大都使用钻石绒布，有时也用真丝做点缀，同时在软装用色上非常统一。美式风格床品的花纹多以蔓藤类的枝叶为原形设计，线条的立体感非常强，在抱枕和床旗上通常会出现大面积有吉祥寓意的图案。此外，象征爱国主义的红蓝色调星形和条纹图案经常出现在美式风格的床品中。

美式风格床品的装饰主要在表面，大多使用印花图案、衍缝图形以及局部刺绣。不同于欧式风格常用荷叶边等款式装饰边缘，美式风格的床品边缘较少做装饰，一般以包边、凸缘为主。

□ 地毯

美式风格地毯常用羊毛、亚麻两种材质。纯手工羊毛地毯营造出美式格调的低调奢华。在美式家居生活的场景中，客厅壁炉前或卧室床前常放一张羊毛地毯。而麻质编织地毯拥有极为自然的粗犷质感和色彩，用来呼应曲线优美的家具，效果很不错。淡雅的素色一直是美式家居地毯的首选，传统纹样和几何纹都很受欢迎。圆形、长椭圆形、方形和长方形编结布条地毯是美式乡村风格标志性的传统地毯。

△ 麻质编织地毯的粗犷质感符合美式风格追求自然的特性

△ 棉布材料的床品最能诠释美式乡村风格自然的舒适质感，格子印花布及条纹花布是美式乡村风格的代表花色

△ 美式风格客厅中地毯的花形和色彩应与窗帘、抱枕等相呼应

四、软装饰品

美式风格的饰品偏爱带有怀旧倾向以及富有历史感的饰品，或能够反映美国精神的物品，在强调实用性的同时，非常重视装饰效果。除了一些做旧工艺的摆件以外，墙面通常用挂画、挂钟、挂盘、镜子和壁灯进行装饰。在美式古典风格的空间中，除了质感厚重的油画作品以外，饰品以古董、陶瓷、水晶灯和黄铜为主；美式乡村风格空间常用花卉植物、铁艺制品以及具有异域风情的饰品进行装点。

□ 摆件

在美式风格中常常会用到一些饱含历史感的元素，选用一些仿古艺术品摆件，表达一种对历史的缅怀情愫，例如地球仪、旧书籍、做旧雕花实木盒、表面略显斑驳的陶瓷器皿、动物造型的金属或树脂雕像等。

壁炉是美式风格客厅必不可少的元素，合理巧妙地搭配一些小摆件可以给壁炉增色不少。壁炉周围的大型装饰要尽量简单，比如油画、镜子等要精而少。而壁炉上放置的花瓶、蜡烛以及小的相框等小摆件则可适当多而繁杂。此外，壁炉旁边也可适当加些落地摆件，如果盘、花瓶等，不生火时放置一些木柴等都能营造温暖的氛围。

△ 将壁炉作为软装饰品的中心摆设点

△ 壁炉两侧富有怀旧气息的仿古艺术摆件是美式风格空间的最佳装饰元素

△ 黄铜烛台摆件

□ 挂件

美式风格空间中,铁艺材质的饰品和镜子、老照片、手工艺品等都可以挂在一面墙上,手工打造的木质镜框也是传统挂件之一,木框表面擦褐色后进行清漆处理。此外,美式空间的墙面也可选择装饰色彩复古、做工精致、表面做旧的工艺挂盘,使家居空间显得更有格调。

挂钟是美式风格中最常用的挂件,以做旧的铁艺挂钟和复古原木挂钟为主,挂钟的颜色选择较多,如墨绿色、黑色、暗红色、蓝色等,钟面用斑驳木板画、世界地图等复古风格画纸装饰,挂钟边框采用手工打磨做旧,规格多样,造型不拘于圆形、方形,其中,木质挂钟、椭圆形麻绳挂钟、网格挂钟都是不错的选择。

△ 象征美式传统文化的白头海雕挂件

△ 美式风格挂钟

△ 色彩复古的装饰挂盘

△ 美国西部牛仔造型挂件

☐ 花器与花艺

美式风格花器常以陶瓷材质为主，工艺大多是冰裂釉和釉下彩，通过浮雕花纹，黑白建筑图案等，将美式风格的复古气息刻画得更加深刻。此外，做旧的铁艺花器，可以给家居增添艺术气息和怀旧情怀；晶莹的玻璃花器和藤质花器搭配，在美式乡村空间中也能相得益彰。花材上可选择绿萝、散尾葵等无花、清雅的常绿植物。

色，画面往往铺满整个实木画框。小鸟、花草、景物、几何图案等都是常见主题。画框多为棕色或黑白色实木框，造型简单朴实，可以根据墙面大小确定装饰画的数量，以进行错落有致的摆列。

此外，在美式乡村风格空间中打造一面照片墙，会使空间更具生活气息，选择做旧的木质相框能表现出复古自然的格调，也可以采用挂件工艺品与相框混搭组合布置的手法。

△ 冰裂釉和釉下彩工艺的陶瓷花器

△ 配有繁复雕花画框的人物油画

△ 实木画框的小鸟装饰画

☐ 装饰画

美式传统风格的装饰画常用带有繁复雕花的金属画框，题材以风景、人物居多。美式乡村风格以自然怀旧的格调突显舒适安逸的生活，一般选用暗

FRENCH

STYLE

PART

第十章

法式风格

法式风格起源与设计特征

一、法式风格形成与发展背景

法国作为欧洲的艺术之都，装饰风格具有多元化特征。16 世纪，法国室内装饰多由意大利接触过雕刻工艺的手艺人和工匠完成。而到了 17 世纪，浪漫主义由意大利传入法国，并成为室内设计的主流风格。17 世纪，法国的室内装饰是历史上最丰富的，在整整三个世纪内主导了欧洲潮流。到了法国路易十五时代，欧洲的贵族艺术发展到顶峰，并形成了以法国为发源地的洛可可风格，即一种以追求秀雅轻盈，显示出妩媚纤细特征的法国家居风格。此后，洛可可艺术在法国高速发展，并逐步受到中国艺术的影响。这种风格从建筑、室内扩展到家具、油画和雕塑领域。

随着时代的发展，代表着宫廷贵族生活的巴洛克、洛可可走向极致的时候，也在孕育着它最终的终结者。伴随着庞贝古城被发现，欧洲人对希腊、罗马艺术产生了浓厚兴趣，并将其延伸到家居领域，带来了新古典主义的盛行。法式新古典主义早在 18 世纪 50 年代就在建筑、室内装饰和家具上有所体现，但真正大规模应用和推广还是在 1754—1793 年的路易十六统治时期及拿破仑时期。

法式新古典主义时期分为两个阶段：第一阶段是路易十六继承王位之前，法国流行的装饰风格被称为"巴黎风格"，而路易十六执政时期的室内装饰与家具设计被称作"路易十六风格"；第二阶段是路易十六及玛丽王后下台后，由拿破仑一世执政过渡期间出现的"执政内阁式风格"，以及拿破仑一世执政时期，由其所创导的"帝国风格"。

△ 法国路易十四时期建造的凡尔赛宫室内装饰极其豪华富丽，其中镜厅是典型的巴洛克风格

△ 巴黎圣母院高耸挺拔，辉煌壮丽，属早期最宏伟的哥特式建筑

二、法式风格装饰特点

在法国巴洛克时期，通常采用石膏板吊顶然后以灰泥粉饰，表面装饰对称布局的石膏浮雕，并且在墙面与顶面的交接处饰以檐口和饰带。镀金、皇冠、丝带和花形装饰的吊顶更加豪华。洛可可风格的吊顶通常呈圆角形，石膏涂金浅浮雕装饰大多出现在与檐口接近的地方和吊顶中心位置，很少将整个顶面铺满。新古典风格的吊顶更为简洁，虽然仍然以石膏浮雕为装饰，但往往只是保持石膏本色，而且基本呈简单的几何形状。法式乡村风格的顶面会保留房屋的结构，木梁裸露在外，但通常只是粗加工并作清漆处理，呈现出木材原始的肌理。

在 17 世纪的法国，木质护墙板是最为常见的墙面材料。柏木和橡木是制作护墙板的主要木材。洛可可风格变得更加精美细致，厚重繁复的巴洛克风格壁柱、镶板和壁炉饰架变成了浅浮雕石膏与纤细的檐口线，并常在墙面大量运用镜面的反射来强化空间的开敞感。法式新古典风格的墙面通常采用单色粉刷或者使用垂到地面的帷幔来装饰，浅浮雕装饰变得更加简洁和平面化。法式乡村风格的墙面处理多采用灰泥粉饰，墙面色彩以白色、浅黄色、浅绿色、淡紫色、浅粉红色或者浅蓝色为主，与家具和布艺色彩保持协调。

法式风格装饰题材多以自然植物为主，如变化丰富的卷草纹样、蚌壳般的曲线、舒卷缠绕的蔷薇和弯曲的棕榈。为了更接近自然，一般尽量避免使用水平的直线，而用多变的曲线和涡卷形象，它们的构图不是完全对称，甚至每一条边和角都可能是不对称的，变化极为丰富。

△ 石膏浮雕

△ 法式风格的墙、顶、地加入浮雕与曲线纹样的装饰，凸显层次感与华丽感

三、法式风格设计类型

根据时代和地区的不同，法式风格通常分为法式巴洛克风格、法式洛可可风格、法式新古典风格以及法式乡村风格。

□ 法式巴洛克风格

巴洛克风格力求通过色彩表现强烈感情、刻意强调精湛技巧的堆砌，追求空间感、豪华感。巴洛克风格的色彩丰富而且强烈，喜欢运用对比色来创造富有冲击力的视觉效果。最常用的色彩组合包括金色与亮蓝色、绿色和紫色、深红和白色等。巴洛克风格的家具强调力度、变化和动感，整体豪放、奢华。其最大的特色是将富有表现力的装饰细节集中起来，简化不必要的部分而强调整体结构。

△ 法式巴洛克风格

□ 法式洛可可风格

洛可可风格是在巴洛克风格装饰艺术的基础上发展起来的，抛弃了巴洛克风格的条条框框，不再遵循古典装饰法则。直线条和方正的矩形被各种曲线所替代。法国洛可可风格的非对称曲线造型源自自然界的植物、贝壳、云彩和花卉，同时也受到来自中国的东方艺术的影响。洛可可风格追求轻盈纤细的秀雅美，在结构部件上有意强调不对称形状，其工艺、造型和线条具有婉转、柔和的特点。此外，洛可可风格的空间在色彩表现上十分娇艳明快，典型的色彩主要有蓝色、黄绿色、粉红色、金色、米白色等。

△ 法式洛可可风格

□ 法式新古典风格

　　新古典风格始于 18 世纪 50 年代，在传承古典风格的文化底蕴、历史美感及艺术气息的同时，将古典美注入简洁实用的现代设计中，使得家居空间更富有灵性。在空间设计上，新古典风格注重整体搭配以及线条之间的比例关系，使人强烈地感受到浑厚的文化底蕴，同时，其摒弃了古典主义复杂的肌理和装饰，既有文化感又不失贵气，打破了传统欧式风格的厚重与沉闷。

□ 法式乡村风格

　　法式乡村风格诞生于法国南部的小村庄，散发出质朴、优雅、古老和友善的气息。与处在法国南部的普罗旺斯地区农民相对悠闲而简单的生活方式密不可分。法式乡村风格空间的顶面通常自然裸露，平行的装饰木梁只是粗加工擦深褐色并作清漆处理。墙面常用仿真墙绘，并且与家具以及布艺的色彩保持协调。地面铺贴材料最为常见的是无釉赤陶砖和实木地板。

△ 法式新古典风格

△ 法式乡村风格

四、法式风格设计要素

轴线对称

法式风格墙面背景及家具的摆放呈轴线对称，突出尊贵典雅的气质

华丽金色

巴洛克风格崇尚奢华高贵，热衷于打造金碧辉煌的空间

低饱和度色彩

除了金色外，常常以低饱和度的淡色装点空间，优雅含蓄的淡蓝色、淡粉色、淡紫色与纤细柔美的家具造型相得益彰

植物花卉纹样

低饱和度的碎花条纹图案在法式乡村风格中很常见，用以表现自然浪漫的气质

法式廊柱、雕花

法式风格注重细节处理，常运用法式廊柱、雕花与线条，呈现出浪漫典雅的气质

水晶吊灯

金色外观，带有流苏造型的水晶吊灯可以给空间带来高贵优雅、浪漫奢华的气息

描金雕花家具

描金雕花家具最能体现法式风格的奢华与浪漫

繁复花纹的描金瓷器

瓷器在法式风格中起到画龙点睛的作用，表现出精致优雅的贵族气质

丝绒、丝绸等布艺材质

法式风格的奢华与浪漫无处不在，布艺常用丝绒、丝绸等面料，床品和窗帘的设计用进行繁复和精致的装饰

繁复雕刻油画框

法式风格挂画常选用古典气质的宫廷油画、人物肖像画、花卉与动物图案等，画框多为描金或者金属加以精致繁复的雕刻

造型优雅纤细的家具

造型优雅纤细的家具充分体现出洛可可艺术女性化、纤巧、优雅的气质

洗白处理家具

法式乡村风格最明显的特征是家具的洗白处理，这使家具展现出古典的隽永质感

法式风格配色设计法则

法式风格空间的色彩娇艳，偏爱金、粉红、粉绿、嫩黄等颜色，并用白色调和。

一、优雅白色

白色纯洁、柔和而又高雅，往往在法式风格的室内环境中作为背景色使用。法国人从未将白色视为中性色，他们认为，白色是一种独立的色彩。纯白由于太纯粹而显得冷峻，法式风格中的白色通常是接近白的颜色，既有白色的纯净，也有容易亲近的柔和感，例如象牙白、乳白等，不仅带有岁月的沧桑感，还能让人感受到温暖与厚度。

二、华贵金色

法式空间中较喜欢用金色凸显金碧辉煌的装饰效果。对于法式风格来说，对金色的应用由来已久。比如，在法式巴洛克风格中，除了各种手绘雕花的图案，还常常在雕花上加以描金，在家具的表面贴上金箔，在家具腿部描上金色细线，力求让整个空间金光闪耀，璀璨动人。

△ 典雅的象牙白装饰背景是法式风格的主调，是奠定优雅格调的基础

△ 大面积运用金色表现富丽堂皇的空间艺术是法式巴洛克风格的主要特征

三、浪漫紫色

提起法国，人们马上想到的就是美丽的塞纳河畔、妖媚多姿的河上风光、浓郁的艺术气息、空气中弥漫的香水余味等，数不尽的元素都向人传递着法国独特的浪漫气息。而紫色本身就是精致、浪漫的代名词，著名的薰衣草之乡普罗旺斯就在法国。但用紫色来表现优雅、高贵等积极印象时，要特别注意对纯度的把握。

△ 紫色是代表浪漫的色彩，契合法式风格追求优雅浪漫的特点

四、高贵法式蓝

蓝色具有特别的意义，中世纪的西方艺术作品很多都运用蓝色来渲染，比如，圣母都身披青石蓝的袍子，象征着高贵、沉稳、端庄和神圣。除了宗教以外，法国加罗林王朝的纹章中，金百合图纹的背景色就是蓝色。蓝色是法国国旗色之一，也是法式风格的象征色。法式风格中常用带点灰色的蓝，使空间散发出优雅时尚的气息。

△ 带点灰色的法国蓝总能让空间散发出优雅时尚的气息

法式风格软装元素应用

一、家具

　　法式风格家具带有浓郁的贵族宫廷色彩，精工细作、富含艺术气息，多选用素净、单纯与质朴的色彩。爱浪漫的法国人偏爱明亮色系，米黄、白、原色使用最多。法国家具按历史、风格可分为巴洛克式家具、洛可可式家具、新古典主义家具、乡村风格家具等。

□ 巴洛克式家具

　　巴洛克式家具主要是宫廷家具，以桃花心木为主要材质，完全采用纯手工精致雕刻，保留了典雅的造型与细腻的线条感。椅座及椅背分别有坐垫和靠垫设计，均由华丽的锦缎织成，以增加舒适感，造型上利用多变的曲面使家具的腿部呈 S 形弯曲。路易十四式家具是典型的巴洛克风格，家具外观由端庄的体形与含蓄的曲线相结合而成，通常以对称结构设计，装饰夸张，整体豪放、奢华，家具上还有大量起装饰作用的镶嵌、镀金与亮漆，极尽皇族的富贵豪华。

□ 洛可可式家具

　　洛可可是法式家具里最具代表性的一种风格，以流畅的线条和唯美的造型著称，受到广泛地认可和推崇。洛可可式家具带有女性的柔美，最明显的特点就是以芭蕾舞动作为原型的椅子腿，具有一种秀气和高雅的气质，以及融于家具当中的韵律美。洛可可式家具注重体现曲线的特色，靠背、扶手、椅腿大都采用细致、典雅的雕花，椅背的顶梁都有玲珑起伏的涡卷纹，椅腿采用弧弯式并配有兽爪抓球式椅脚，处处展现与众不同。

△ 法式巴洛克衣柜

△ 法式巴洛克边桌

△ 法式洛可可写字台

△ 法式洛可可安乐椅

□ 新古典主义家具

　　新古典主义家具摒弃了始于洛可可风格的繁复装饰，既追求简洁自然之美，又保留了欧式家具的线条轮廓特征。设计上以直线和矩形为造型基础，把椅子、桌子、床的腿变成了雕有直线的凹槽的圆柱，脚端又有类似水果的球体，减少了青铜镀金面饰，多采用嵌木细工、镶嵌、漆饰等装饰手法。

△ 法式新古典主义会议用椅

△ 法式新古典主义双人翼状沙发

□ 乡村风格家具

　　法式乡村风格家具的尺寸比较纤巧，造型上非常讲究曲线和弧度，极其注重脚部、纹饰等细节的精致设计。材质则以樱桃木和榆木居多。很多家具还会采用手绘装饰和进行洗白处理，尽显艺术感和怀旧情调。法式乡村风格中常用的有象牙白的家具、手绘家具、碎花的布艺家具、雕刻嵌花图案的家具、仿旧家具和铁艺家具。一般选用的四柱床、梳妆台、斗柜、厨柜，都是以木质为主。

△ 法式乡村风格单椅

△ 法式乡村风格四柱床

△ 法式乡村风格床榻

二、灯具

法式风格家居空间常用烛台灯、水晶灯、全铜灯、带金属底座的陶瓷台灯等灯具，造型上要求精致细巧，圆润流畅。例如，有些吊灯采用金色的外观，配合简单的流苏和优美的弯曲造型设计，可给整个空间带来高贵优雅的气息。

□ 烛台灯

烛台灯的灵感来自欧洲古老的烛台照明方式，那时都是在悬挂的铁艺上放置数根蜡烛。如今，很多吊灯设计成这种款式，只不过将蜡烛改成了灯泡，但灯泡是蜡烛的造型，灯座是烛台的造型，这类吊灯应用在法式风格的空间中，更能凸显庄重与奢华感。

△ 带金属底座的陶瓷台灯

△ 灵感源自欧洲古代的烛台灯体现出优雅隽永的气质

□ 水晶灯

　　水晶灯饰起源于欧洲 17 世纪中叶洛可可时期。当时欧洲人对华丽璀璨的物品及装饰尤其向往，水晶灯饰便应运而生，并大受欢迎。洛可可风格的水晶灯灯架以铜质居多，造型及线条蜿蜒柔美，表面一般有镀金装饰，突出其雍容华贵的气质。

△ 璀璨耀眼的水晶灯衬托出法式风格的华贵典雅

□ 全铜灯

　　从古罗马时期至今，全铜灯一直是皇室威严的象征，欧洲的贵族们无不沉迷于全铜灯这种美妙金属制品的隽永魅力中。

　　全铜灯是以铜为主要材料的灯饰，源于欧洲皇室建筑装修，注重线条、造型以及色泽上的雕饰，将奢华风和复古风完美地融合在一起。因为纯铜很难塑形，因此很难找到百分之百的全铜灯。目前，市场上的全铜灯多为黄铜原材料按比例混合的其他合金，使铜材的耐腐蚀性、强度、硬度和切削性得到提高。

△ 全铜灯造型精美，仿佛一件名贵的工艺品

三、布艺织物

传统法式风格空间中，常用金色、银色描边或一些浓重色调的布艺，色彩对比强烈；而法式新古典风格空间中的布艺花色则要淡雅和柔美许多。法式田园风格布艺崇尚自然，把当时中式花瓶上的一些花鸟、蔓藤元素融入其中，以纤巧、细致、浮夸的曲线和不对称的装饰为特点，还常饰以甜美的小碎花图案。

法式布艺经常使用的布料有棉、混纺、丝绒、提花锦缎、蚕丝绸缎等，不同的布料会带来不一样的空间感受。法式宫廷风格给人雍容华贵的感觉，以富丽的金银色丝织提花、高贵的冰花绒烫金、天然华丽的高端蚕丝绣花面料为主。

在法国，亚麻与水晶银器一样，是富裕生活的象征。所以法式乡村风格空间的布艺经常会看到绣有拥有者名字的麻织床单。除亚麻外，木棉印花布、手工纺织的毛呢、粗花呢等布艺制品也常用于法式家居中。除了熟悉的法国公鸡、薰衣草、向日葵等标志性图案，橄榄树和蝉的图案在桌布、窗帘、抱枕上也较为常见。

△ 法式风格布艺搭配方案

□ 窗帘

巴洛克风格窗帘的材质有多种选择，例如镶嵌金丝、银丝、水钻、珠光的华丽织锦、绣面、丝缎、薄纱、天然棉麻等。多选用金色或酒红色这两种沉稳的颜色，以显示出家居空间的豪华感。有时会运用一些卡奇色、褐色等做搭配，再配上带有珠子的花边以增强窗帘的华丽感。另外，一些装饰性很强的窗幔以及精致的流苏往往可以起到画龙点睛的作用。

法式洛可可风格热衷于应用天鹅绒和浮花织棉，其窗帘依然饰以镶缀和饰珠，也沿用巴洛克时期的垂纬、流苏等。洛可可风格喜欢从上到下，用层层叠叠的纺织品来营造出梦幻般的浪漫氛围。

法式新古典风格的窗帘综合了现代美和古典美，给人以典雅舒适的视觉享受。在色彩上，可选用深红色、棕色、香槟银、暗黄以及褐色等。面料以自然舒适的纯棉、麻质等为主，花型讲究韵律，弧线、螺旋形状的花形较常出现，力求线条的瑰丽华美。

法式乡村风格的窗帘常将两种不同的面料进行组合，例如亚麻布与棉布等，无论是简单的帷幔，或是蕾丝窗帘，均适用于法式乡村风格空间，并且大多选择铁艺窗帘杆进行搭配。

△ 法式巴洛克风格窗帘

△ 法式新古典风格窗帘

△ 法式洛可可风格窗帘

△ 法式乡村风格窗帘

□ 床品

法式巴洛克风格的床品多采用大马士革、佩斯利图案，风格上体现出精致、大方、庄严、稳重的特点。这种风格的床品色彩与窗帘以及墙面的色彩应高度统一或互补。此外，也可采用色彩非常纯粹的艺术图案构成的别具一格的巴洛克风格床品。

法式洛可可风格的床品以丝质面料为主，色调淡雅而浪漫，与房间整体布艺色调一致。

法式新古典风格床品经常出现一些艳丽、明亮的色彩，材质上经常使用一些光鲜的面料，例如真丝、钻石绒等，把新古典风格华贵的气质展现得淋漓尽致。

法式乡村风格床品常用天然或者漂白的亚麻布，经常出现白底红蓝条纹和格子图案。

△ 法式风格床品搭配方案

□ 地毯

法式古典风格地毯常用对称手法，将简单的花形或几何形平铺排列，形成整体秩序感。有的地毯纹样与吊顶造型相呼应，有的地毯花纹、色彩与其他装饰元素相呼应，以增强室内整体感及视觉美感。

在法式传统风格的空间中，法国的萨伏内里地毯和奥比松地毯一直都是首选；而法式乡村风格的空间中，地毯最好选择色彩相对淡雅的图案，用棉、羊毛或者现代化纤编织。植物花卉纹样是地毯纹样中较为常见的一种，能给大空间带来丰富饱满的效果，在法式风格空间中，常选用此类地毯以营造典雅华贵的空间氛围。

△ 法式风格地毯的纹样常以对称的形式出现

△ 奥比松地毯

△ 植物花卉图案地毯

四、软装饰品

传统法式风格空间不仅华美高贵，同时也洋溢着一种文化气息，因此雕塑、烛台等是不可或缺的饰品，也可以在墙面上悬挂一些具有典型特征的油画。各种花卉、绿植、瓷器挂盘以及花瓶等与法式家具优雅的轮廓相得益彰。法式乡村风格空间的软装饰品随意质朴，一般采用自然材质、手工制品以及素雅的暖色。

□ 摆件

传统法式风格端庄典雅，高贵华丽，摆件通常选择精美繁复、高贵奢华的镀金器、镀银器或描有繁复花纹的描金瓷器，大多带有复古的宫廷尊贵感，符合整个空间典雅富丽的格调。烛台与蜡烛的搭配也是法式风格家居空间中点睛的装饰品，精致的烛台可以增添家居生活的情趣，它曼妙的造型和柔和的烛光，烘托出法式风格雅致的品位。此外，法式风格中通常用组合型的金属烛台搭配丰富的花艺，并以精美的油画为背景，营造高贵典雅的氛围。

而法式乡村风格空间的常见摆件有中国青花瓷、古董器皿、编织篮筐、陶瓷雄鸡塑像以及古色古香的烛台等。

△ 具有复古感的描金瓷器

△ 金属烛台

△ 法式乡村风格摆件

□ 挂件

法式巴洛克风格最为常见的挂件就是金属雕花挂镜、华丽的壁毯，以及雕刻复杂且镀金画框的油画。

法式洛可可风格挂件包括镀金挂钟和挂镜，具有中式艺术风格的瓷质小塑像和装饰性镀金挂镜是这个时期标志性的饰品之一。

法式新古典风格的挂件常见挂镜、壁烛台、挂钟等。其中，挂镜一般以长方形为主，也有椭圆形的，其顶端往往布满浮雕雕刻并饰以打结式的丝带。木质挂钟是新古典风格空间常见的挂件装饰，挂钟以实木或树脂为主。实木挂钟稳重大方，而树脂材料更容易表现一些造型复杂的雕花线条。

法式乡村风格的挂件表面一般都显露出岁月的痕迹，如壁毯、挂镜以及挂钟等，其中，尺寸夸张的铁艺挂钟往往能成为空间的视觉焦点。

镜子与壁炉的搭配最早出现在凡尔赛宫，自此成为一种风尚，广为流传。壁炉上方的蜡烛和人在镜子中的投影，形成一种强烈的视觉冲击。几个世纪以来，镜子作为壁炉的最佳搭配，一直悬挂在壁炉上方，直到现在，壁炉上方依然是悬挂镜子的主要位置。

△ 法式乡村风铁艺挂钟

△ 镜子与壁炉的搭配

△ 法式乡村风格挂镜

△ 雕花金属边框的挂镜

□ 花器与花艺

法式巴洛克的花艺通常布置得十分丰富、饱满，呈对称的半卵型，花色对比强烈。花枝和藤蔓向四周延伸，如同油画创作般精心布置。常用的花材有丁香花、康乃馨、郁金香等。花器材质以青铜、陶瓷为主。整体造型庄严雄伟，以双耳类造型最为常见。花器表面常常用大量的彩绘进行修饰，底座、边沿等重要部位往往会镀金或者镀银。

法式洛可可风格的花艺造型特征为非对称并充满 S 形曲线，基本呈疏松的椭圆形。花材往往纤弱轻盈，花色比较淡雅、精致，通常选用单色鲜花。常用的花材包括牡丹、郁金香、紫藤花等。除了青铜花器，洛可可风格中还出现了水晶、玻璃、青瓷花器。瓷质花器呈典型的非对称造型，经常把丘比特或牧羊人的形象作为花器基座，花器的表面饰以色彩艳丽的彩绘。

早期的法式新古典风格花艺高挑细长，色调偏冷，常加入金色点缀；发展到新古典主义的后期，花艺的尺寸庞大而笨重，整体造型呈三角形，且花色较为浓艳。

法式乡村风格的花艺常用一些插在壶中的香草和鲜花，如果家里增加一些薰衣草的装饰，那就是对法式浪漫风情的最佳表达。

△ 法式乡村风格的花艺布置追求自然，随意插一些鲜花就能使人有如沐春风的感觉

△ 法式洛可可风格通常选用单色鲜花，而且花色比较淡雅

□ 装饰画

　　法式风格装饰画常用油画的材质，以著名的历史人物为设计灵感，再加上精雕的金属外框，使得整幅装饰画兼具古典美与高贵感。除了经典人物画像的装饰画，法式风格空间也可以选用花卉题材的装饰画。法式风格装饰画从款式上可以分为油画彩绘和素描，两者都能展现出法式情调，素描装饰画一般以单纯的白色为底色，而油画的色彩则会浓郁一些。

△ 法式巴洛克风格装饰画

△ 法式乡村风格装饰画

△ 法式洛可可风格装饰画

△ 法式新古典风格装饰画